寶特瓶和空容器的創作

懷舊家電 & 迷你雜貨

宮市稔子

Toshiko Miyaichi

Prologue

某天我望著空寶特瓶底，
經光線照射顯得閃閃發亮。
這幅景象讓我想起兒時房間的燈具，
心想搭配羊毛氈創作說不定很可愛！
這個念頭正是我創作的動機。

發現類似電子鍋上的圖樣貼紙時，
望著寶特瓶身彷彿玻璃的形狀時，
容器正適合設計成鍋子和蓋子時，
這些瞬間不禁讓我脫口而出：「太棒了！」
這樣的樂趣也都閃現在我每一份作品中。

本書介紹的懷舊家電和雜貨，
都是昭和時期廚房和生活起居用品。
不僅賞心悅目，還可以實際收納小物，
為實物 1/3 或 1/6 左右的尺寸。

是不是有很多人看到作品，內心充滿懷舊之情？
我自己則會想起祖母在廚房的背影。
希望這本書喚醒大家懷念的過往，溫暖大家的內心。
來吧！大家一起動手創作懷舊又可愛的雜貨與家電吧！

宮市稔子

本書規則與注意事項

☆數字未特別標出的單位為 cm。

☆材料標示方式全部為長 X 寬。

☆尺寸會因為使用的容器和裁切方式產生些微的差距。
　黏在外側的羊毛氈或是鏡面紙等先切大片一些，貼上後順著容器裁切、修整成
　形，成品就會更加漂亮。

☆書中作品若沒有實物大紙型，請配合使用的容器設計紙型。

☆裁切容器等時請務必小心，避免手被刀片和剪刀劃傷。

H:20.5cm

Part 1

懷舊調理機 & 攪拌機

調理機

依照1950年左右的調理機設計製作。
利用500mℓ的寶特瓶,變身成加上蓋子和把手的本體,
用厚紙板製作出底座。
一旦照射到光線,寶特瓶各自的圖樣,
就像實物的玻璃切割般晶晶亮亮。
方形按鈕可實際按壓,
圓形旋鈕也可以轉動,充滿玩樂趣味。

A B C D E F

| How to make |

AB:參考作品
CD:8頁
EF:58頁

| 完成 |

AB:各約長11cm×寬8cm×高21.5cm
CD:各約長10.5cm×寬8cm×高20.5cm
EF:各約長11cm×寬8.2cm×高20.5cm

調理機的字樣印在可列印的貼紙，貼在本體。按鈕用厚紙板重疊貼上 5 片羊毛氈更顯立體。
厚紙板下黏著金屬線做成的彈簧，變成可按壓彈回的設計。打開瓶身蓋子，還可收納橡皮筋等小物。

攪拌機

H:13.5cm

運用昭和30年代常見的攪拌機形狀和色調來製作。
寶特瓶直接使用200mℓ的容器，
兩側的迷你尺寸，
配合實際的鹽罐和胡椒罐製作出底座和蓋子。
每一台的底座都是用紙杯貼上羊毛氈製作而成。
寶特瓶中裝入通心麵和砂糖，
陳列在廚房也很可愛。

| How to make |

A：65頁
BC：64頁
DF：62頁
E：12頁

| 完成 |

A：約長5cm×寬5cm×高13.5cm
BC：各約長6.5cm×寬6.5cm×高20.5cm
DE：各約直徑7.5cm×高20.5cm
F：約直徑6cm×高13.5cm

因為使用完整的寶特瓶，裝細碎的東西也不會外漏，令人放心。
變換羊毛氈的顏色、標籤的設計，享受製作原創攪拌機的樂趣。

調理機D的作法

〔P004〕

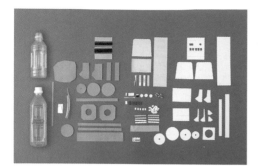

⊛材料

500mℓ寶特瓶（瓶身用）、500mℓ或250mℓ（蓋子用）各1瓶、羊毛氈（綠色、米色、黑色、白色、胭脂色）、1mm厚的厚紙板、鏡面紙、鋁箔紙、直徑1cm透明管10cm、直徑0.55mm金屬線（鋼）1m、直徑1mm金屬線（鋁）11.5cm、直徑0.5cm吸管1根、直徑0.6cm吸管1根、貼紙、筷子（直徑0.5～0.6cm圓筷）。

實物大紙型P076

〔底座製作〕

01 準備底座用的厚紙板。

02 側面厚紙板用手彎成弧形。

03 上部塗上瞬間膠，與側面黏合。用紙膠帶固定直到瞬間膠乾。

〔按鈕台製作〕

04 下部同樣用瞬間膠黏貼，為避免上部凹陷，中間放入支撐的厚紙板（分量外）。

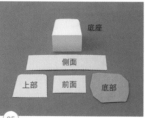

05 前面也用瞬間膠黏貼，側面、上部、前面黏上鏡面紙、底部黏上羊毛氈（綠色）。

06 超出厚紙板的部分用剪刀修整成形。

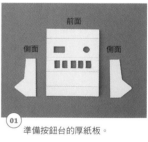

01 準備按鈕台的厚紙板。

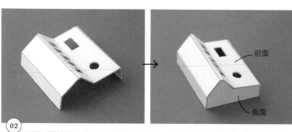

02 前面山摺線部分用刀片輕輕劃出摺痕，配合側面摺出形狀。用瞬間膠黏上側面和前面。谷摺線部分在反面劃出摺痕。

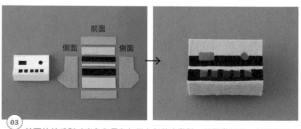

03 前面的羊毛氈（米色和黑色）從上起依序黏貼。前面黏好後，仍要用刀片在羊毛氈割出按鈕孔。

〔 按鈕製作 〕

04 側面羊毛氈的前面這側，超出厚紙板1mm的部分剪掉。

前面羊毛氈稍微有點不夠，底部還會再黏貼，所以沒關係。

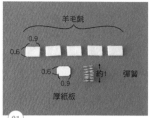

05 側面貼好後，再黏貼上下的羊毛氈（綠色）。上下也和側面一樣，超出的1mm剪掉。

01 準備羊毛氈、厚紙板、彈簧。稍微剪掉厚紙板的四個角。胭脂色按鈕為0.8×1.4cm。

.... 用兩端尖頭筷捲出彈簧 ....

02 用瞬間膠從上面依照羊毛氈、厚紙板、彈簧的順序黏貼。製作5個白色，再以相同方法製作1個胭脂色按鈕。

直徑0.55mm金屬線捲在筷子上。一開始先用鉗子往內折一小圈，每捲6～7圈就剪掉。

03 圓形旋鈕需使用羊毛氈、厚紙板、鏡面紙、吸管。

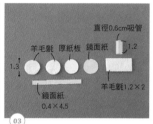

04 從下面依照羊毛氈、厚紙板、鏡面紙的順序重疊，周圍用鏡面紙黏住。

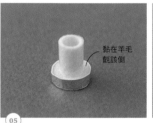

05 用瞬間膠將羊毛氈黏在吸管上。周圍用透明膠帶捲一圈，並用瞬間膠黏在 04 。

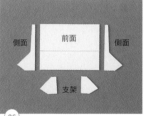

06 準備按鈕台正面的紙型。

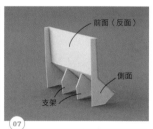

07 前面的山摺線輕輕用刀片劃出摺痕，配合側面摺出形狀，用瞬間膠黏合。背面黏上支架的厚紙板。

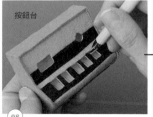

08 將 07 厚紙板嵌入按鈕台，標註按鈕孔的記號。

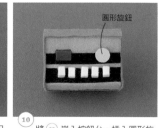

09 用瞬間膠將彈簧按鈕黏在標註記號的部分。

10 將 09 嵌入按鈕台，插入圓形旋鈕。

〔瓶身底座和腳墊製作〕

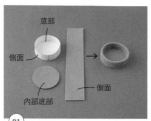

01 用瞬間膠黏貼底部和側面，黏貼羊毛氈製作成瓶身底座。

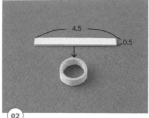

02 腳墊用厚紙板捲成一圈並以瞬間膠黏合，再用透明膠帶固定。

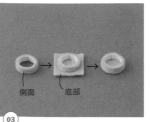

03 羊毛氈黏在側面後，黏貼底部羊毛氈再修剪邊緣，製作出4個。

〔組合底座〕

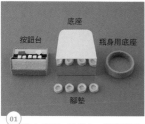

01 黏合底座、按鈕台、瓶身用底座、腳墊。

02 瓶身用底座黏在底座上面中央，腳墊黏在四個角。

〔瓶身製作〕

01 將500mℓ寶特瓶裁成11cm。

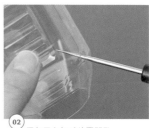

02 用起子在把手位置開孔。

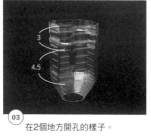

03 在2個地方開孔的樣子。

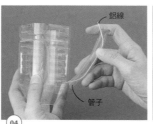

04 將直徑1mm鋁線穿過管子，鋁線部分插入開孔中。

05 鋁線前端折彎固定。

06 另一端也同樣將鋁線折彎固定。

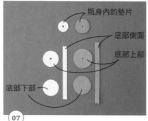

07 準備瓶身底部用厚紙板和羊毛氈。

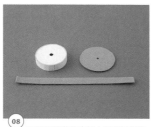

08 用瞬間膠黏貼底部上部和側面的厚紙板，再於上方黏貼羊毛氈。羊毛氈過大時，黏好再修剪。

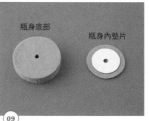

09 用瞬間膠黏貼瓶身內墊片的厚紙板和羊毛氈。

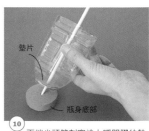

10 兩端尖頭筷刺穿塗上瞬間膠的墊片，放入瓶身。就這樣直接插進瓶身底部黏合。

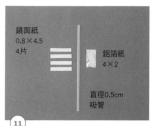

鏡面紙
0.8×4.5
4片

鋁箔紙
4×2

直徑0.5cm
吸管

11 準備刀刃用的鏡面紙、吸管和鋁箔紙。

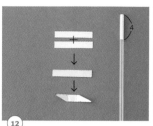

4

12 用瞬間膠黏合2片鏡面紙，刀刃部分剪成鋸齒狀。吸管前端用瞬間膠黏貼鋁箔紙。

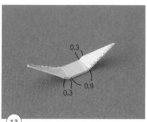

0.3
0.9
0.3

13 沿著摺線摺起，製作2片。

刀刃
吸管

14 刀刃如照片般黏合，並且用瞬間膠黏在用鋁箔紙捲起的吸管上。

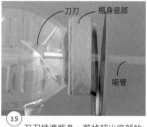

刀刃　瓶身底部
吸管

15 刀刃插進瓶身，剪掉超出底部的吸管。

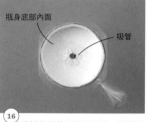

瓶身底部內面　吸管

16 吸管前端剪出牙口打開，用透明膠帶固定。

瓶身底部下部

17 用瞬間膠將厚紙板、羊毛氈依序黏在瓶身底部下部，製作成底蓋。

2.5　瓶口
4
4　瓶底

18 裁切當作蓋子用的寶特瓶瓶口和瓶底。

19 瓶底像山一樣朝上，用瞬間膠黏在瓶口。

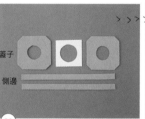

蓋子
側邊

20 準備蓋子用的羊毛氈和厚紙板。

Point

決定長度的方法

側邊沿著瓶口內側量出長度後剪掉。

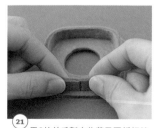

21 用2片羊毛氈夾住蓋子厚紙板並以瞬間膠黏合，再黏合側邊。一邊將瓶口和蓋子黏合，一邊決定側邊貼黏位置。

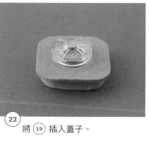

22 將 ⑲ 插入蓋子。

\ 完成 /

貼上列印好的貼紙即完成。

調理機C

調理機C除了按鈕台外，其他作法相同。請變換形狀和顏色享受設計的樂趣。按鈕台紙型請參照P077。

• MIXER •

攪拌機E的作法

〔P006〕

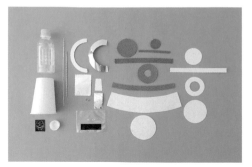

材料

200mℓ寶特瓶1瓶、寶特瓶蓋1個、325mℓ紙杯1個、羊毛氈（白色、粉紅色）、0.58mm厚的厚紙板、鋁箔膠帶、鋁箔紙、直徑2mm金屬線（鋁）22.5cm、竹籤、直徑0.5cm珠子（銀色）2顆、直徑0.5cm金屬環2個、乙烯基膠帶（黑色）、裝飾貼紙。

實物大紙型P075

〔本體製作〕

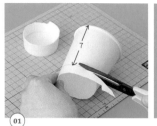

01 紙杯在距離杯口7cm處裁切。用刀片大概割開後再用剪刀修剪。

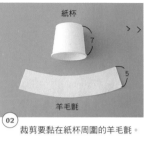

02 裁剪要黏在紙杯周圍的羊毛氈。

紙杯
羊毛氈

Point

紙型的作法

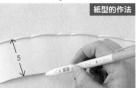

準備一個紙杯，在高5cm處割開，剪開後當成紙型。

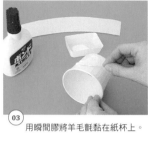

03 用瞬間膠將羊毛氈黏在紙杯上。

04 羊毛氈依形狀剪掉多餘部分。

剪掉多餘部分

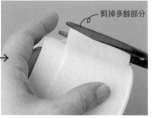

05 金屬線沿著紙杯繞成一圈，用瞬間膠固定。

金屬線

06 瞬間膠乾了之後，將金屬線圈黏在紙杯。

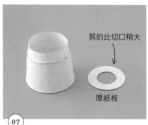

07 依杯子的切口裁出厚紙板紙型，中央開孔。開孔剪得比寶特瓶蓋大一圈。

剪的比切口稍大
厚紙板

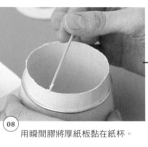

08 用瞬間膠將厚紙板黏在紙杯。

Point

形狀的修整方式

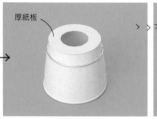

厚紙板

剪掉超出紙杯的厚紙板。

09 剪下和厚紙板尺寸一樣的羊毛氈，中央開一個比寶特瓶蓋小的圓孔。側面的羊毛氈剪裁方式與 ②相同。

10 用瞬間膠將側面和蓋子的羊毛氈黏在紙杯。

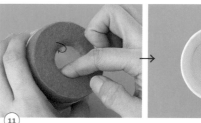

11 中央多餘的羊毛氈反摺並用瞬間膠黏貼。

內面

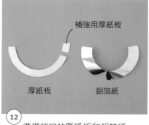

補強用厚紙板

厚紙板　　鋁箔紙

12 準備杯口的厚紙板和鋁箔紙。

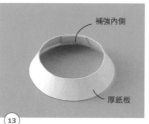

補強內側

厚紙板

13 厚紙板對齊，並用瞬間膠黏成一圈，內側貼上補強用厚紙板，再以透明膠帶固定。

鋁箔紙

對齊下側

14 對齊下側將鋁箔紙黏在 ⑬的外側，上側多餘部分往內側摺。

〔 標籤製作 〕

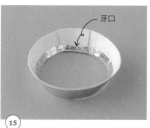

牙口

15 在內摺的地方剪出牙口就比較容易反摺。

16 用瞬間膠將杯口黏在 ⑪的中央。

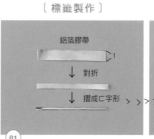

鋁箔膠帶

對折

摺成匸字形

> > > >

01 邊框用鋁箔膠帶對摺，再摺成匸字形。

Point

摺整齊的方法

順著尺的側面摺就很容易摺。

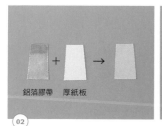

鋁箔膠帶　厚紙板

02 將鋁箔膠帶黏在厚紙板。

邊框

03 用瞬間膠將邊框黏在 ②的邊緣。

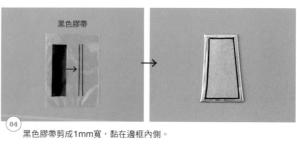

黑色膠帶

04 黑色膠帶剪成1mm寬，黏在邊框內側。

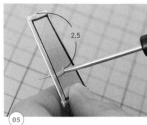

05 用起子在標籤上開孔，大小可讓竹籤刺穿。

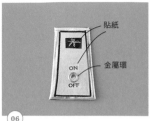

06 用瞬間膠將2個金屬環重疊黏在開孔部分，貼上貼紙。

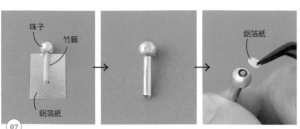

07 竹籤切成1.5cm並插入珠子。將鋁箔紙黏在竹籤周圍。珠子頂端開孔黏上剪成圓形的鋁箔紙製作成開關。

08 用瞬間膠將標籤黏在本體，本體也要開孔。

09 開關插入開孔部分。

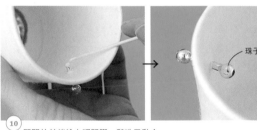

10 開關的前端塗上瞬間膠，與珠子黏合。

〔 蓋子製作 〕

11 厚紙板（對齊內徑）和羊毛氈（對齊外徑）對照本體底部剪下並且黏合。

01 厚紙板對照寶特瓶底部剪下，將側面黏上。※側面黏貼方式請參照P008的 **02** 和 **03** 。

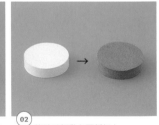

02 將羊毛氈黏在厚紙板上。

Point

裁切方法

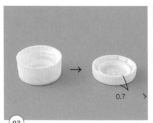

03 在寶特瓶蓋0.7cm處裁切。

用剪刀斜剪至所需高度。

\ 完成 /

04 對照蓋子尺寸剪下羊毛氈，用瞬間膠黏在 **02** 的中央。

將寶特瓶插入底座，蓋上蓋子即完成。

Part *2*

懷舊燈具

H:4cm

玻璃 & 牛奶玻璃燈具

設計概念來自1930年左右，
英國和法國常見的吊燈和玻璃燈罩。
使用寶特瓶的上部和底部做成斗笠狀，
加上扣眼、鱷魚夾、花蓋表現金屬零件。
D是直接從可爾必思瓶口裁切4.5cm使用。
從各類寶特瓶裁切一部分，
就可完成各種大小的設計。

| **How to make** |

B：22頁
H：23頁
其他：參考作品

| 完成 |

A：約直徑3.5cm×高2cm
B：約直徑6.5cm×高2cm
C：約直徑4cm×高5cm
D：約直徑5.5cm×高4.5cm
E：約直徑6cm×高2cm
F：約直徑6.3cm×高5.5cm
G：約直徑5.5cm×高1cm
H：約直徑5.7cm×高3.5cm
I：約直徑6cm×高4cm

用羊毛氈呈現牛奶玻璃的質感。寶特瓶上的數字和文字更能提升真實感。
當作燈泡的珠子建議使用壓克力珠子。鍊條部分可以利用項鍊、彈性髮繩和鑰匙圈的鍊子。

H:5.5cm

琺瑯燈具

集結了1940年代的時尚吊燈,
用琺瑯和鋼製成。
做成實際燈具的1/6尺寸,
鍊條附上磁鐵,可貼在喜歡的地方。
羊毛氈黏在寶特瓶內側顯現質感,
透出表面的瞬間膠呈現斑駁的效果,
更能醞釀出琺瑯質的風格。

| How to make |

C:24頁
其他:參考作品

| 完成 |

A:約直徑6cm×高5.5cm
B:約直徑6.3cm×高3cm
C:約直徑6.5cm×高4cm
D:約直徑5cm×高2cm

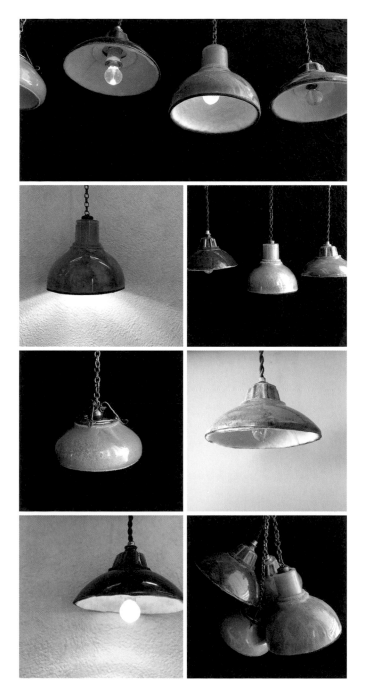

藍色和灰色燈具內有燈泡，可實際通電。
利用寶特瓶上部的圓弧部分，再與雞蛋盒組合，上面黏貼羊毛氈細條，隱藏容器的接縫處。

H:4cm

H:2.5cm

H:3cm

昭和懷舊燈具

昭和30年左右，
客廳、小孩房、咖啡店等常見的燈具，
利用寶特瓶的上部和瓶底組合成斗笠狀。
用銼刀磨出斗笠不透明的質感。
照片中央鬱金香形狀的燈具，
是利用寶特瓶側邊圓弧，並在內側黏貼羊毛氈。
照片中間右邊的六角形燈具是用汽水糖罐製作。

| How to make |

C：56頁

其他：參考作品

A B C D E F

| 完成 |

A～F：直徑各約6～6.5cm×高3cm

燈具中的日光燈也是用金屬線和羊毛氈製作而成。寶特瓶蓋周圍貼上花瓣形狀就成了鬱金香燈具，做好幾個還可組合成三連或四連式吊燈，中央垂吊鍊條的金屬配件為原子筆的筆尖。

牛奶玻璃燈具B的作法

〔P016〕

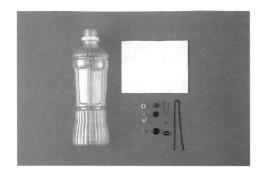

材料

500mℓ寶特瓶1瓶（瓶身有直條紋）、羊毛氈（白色）、長1.8cm水滴形珠子1顆、直徑0.7cm木珠1顆、9針2支、長18cm鍊條1條、直徑0.9cm按扣1顆、直徑0.4cm扣眼1個、直徑1cm花蓋1個、鱷魚夾1個、直徑0.5cm強力磁鐵1個。
※羊毛氈依照容器製作出紙型。

〔 本體製作 〕

Point

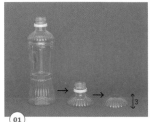

01 在寶特瓶上部直徑約6.5cm處裁切，裁成高3cm。

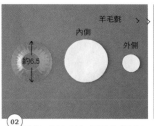

02 準備2片羊毛氈，要黏在裁切好的寶特瓶上。

紙型作法

羊毛氈的紙型是利用將紙放入寶特瓶內側製作出紙型。

03 用瞬間膠將羊毛氈黏在內側，將外側的羊毛氈黏在上部。

〔 鍊條製作 〕

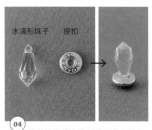

04 用瞬間膠將水滴形珠子黏在按扣上當作燈泡。

05 用瞬間膠將燈泡黏在 ③ 的內側。

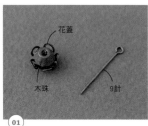

01 用瞬間膠將木珠黏在花蓋，插上9針。

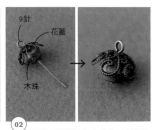

02 用斜口鉗將超出木珠的9針剪斷並用瞬間膠固定。

\ 完成 /

03 用起子在扣眼開孔，穿過9針。鍊條穿過9針並用瞬間膠將鱷魚夾固定，再用瞬間膠將 ② 黏在鍊條前端。用瞬間膠將磁鐵黏在扣眼。

用瞬間膠將木珠黏在本體。

玻璃燈具H的作法

〔P016〕

材料

500mℓ寶特瓶1瓶（瓶身有直條紋）、長3.3cm水滴形珠子1顆、直徑0.8cm扣眼1個、直徑0.4cm扣眼1個、金色花帽1個、彈性髮繩18cm、直徑0.5cm強力磁鐵1個、零碎羊毛氈。

〔本體製作〕

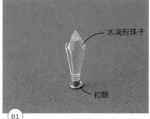

水滴形珠子
扣眼

01 用瞬間膠將水滴形珠子黏在直徑0.4cm扣眼上當作燈泡。

瓶底部分
2.8

02 從寶特瓶直條紋部分往下裁切，在底側直徑約6cm、高約2.8cm處裁切。剩餘部分的瓶底部分也裁切下來。

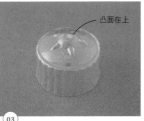

凸面在上

03 用接著劑將瓶底凸面部分朝上黏在 02 上。

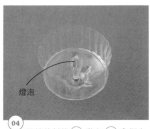

燈泡

04 用接著劑將 01 黏在 03 內側中央。

〔鍊條製作〕

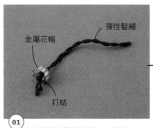

金屬花帽
彈性髮繩
打結

01 扭轉彈性髮繩穿進金屬花帽打結。打結部分藏入金屬花帽中。

Point

扭轉彈性髮繩
對折
打結

彈性髮繩兩端往不同方向扭轉，對折後打結。

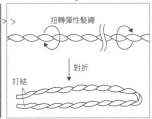

磁鐵
羊毛氈

02 將零碎羊毛氈塞入金屬花帽內1/2處並用瞬間膠固定，放入磁鐵。

\ 完成 /

羊毛氈

03 上面蓋上羊毛氈用瞬間膠固定。

彈性髮繩
扣眼
本體

04 用瞬間膠將直徑0.8cm扣眼黏在本體上面中央，將彈性髮繩穿進扣眼中並用瞬間膠固定。

請試試變換寶特瓶的形狀，製作出各種燈罩形狀。

琺瑯燈具C的作法
〔P018〕

〔**本體製作**〕

〔材料〕

1.5ℓ寶特瓶1瓶（上部為圓弧形）、雞蛋盒、羊毛氈（白色、藍色）、1mm厚的厚紙板、直徑0.8cm扣眼2個、直徑0.4cm扣眼1個、直徑1.2cm壓克力珠子1顆、彈性髮繩18cm、直徑0.5cm強力磁鐵1個、燈飾。
※羊毛氈依照容器製作出紙型。

01 在寶特瓶上部直徑約6.5cm處裁切，裁成高2cm，雞蛋盒裁成高2cm。準備黏在內側的羊毛氈。※羊毛氈紙型的作法請參照P022的**02**。

02 每個容器的內側分別黏貼羊毛氈。利用瞬間膠的黏劑營造出質感。

03 裁掉黏在寶特瓶開孔的羊毛氈。準備隱藏接縫處的羊毛氈。

04 雞蛋盒插進寶特瓶的開孔並用瞬間膠黏合，將羊毛氈黏在接縫處。

05 取出燈飾中的電燈。

06 用瞬間膠將壓克力珠子黏在直徑0.8cm扣眼。

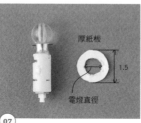

07 用瞬間膠將**06**黏在**05**取出的電燈。準備墊片的厚紙板。

08 將電燈插進厚紙板，裝進**04**確認是否會亮。不亮時將零碎羊毛氈塞進其中，調整至燈亮。

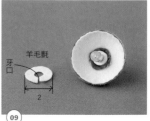

09 準備遮飾的羊毛氈。

10 將**09**的羊毛氈黏在內側。

〔**鍊條製作**〕

01 彈性髮繩兩端往不同方向扭轉，對折打結。

扭轉彈性髮繩
對折
打結

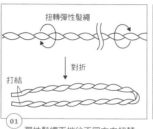

02 彈性髮繩兩端穿過扣眼，用瞬間膠黏貼並將磁鐵黏在直徑0.8cm扣眼該側。

用瞬間膠黏上磁鐵
用瞬間膠黏貼
燈罩
直徑0.8cm扣眼
直徑0.4cm扣眼

\ **完成** /

用瞬間膠將直徑0.4cm扣眼黏在本體。

Part **3**

懷舊廚房雜貨

H:7cm

昭和懷舊廚房雜貨

歡樂明亮的廚房雜貨器具，
讓人想起懷念、熱鬧又開心的餐桌。
用果凍盒做成鍋子，用豆腐盒做成保鮮盒，
將洗髮精瓶蓋黏上貼紙，變身成懷舊玻璃杯。
廚房用具使用鋁箔板和貼紙製作而成。
調味盒、碗盤收納籃和網篩等並排，
構成一個迷你小廚房。

How to make

A：29頁
B：28頁
C～E：70、71頁
F：66頁
G：68頁
其他：參考作品

完成

A：約直徑7.2cm×高6cm
B：約直徑8.5cm×高7cm
C：約底部直徑3.2cm×高4cm
D：約直徑4.5cm×高2cm
E：各長約6.5～10cm
F：約長5.8cm×寬11.2cm×高6.2cm
G：約長9cm×寬11cm×高7.5cm

掀蓋餐盤、收納籃利用 1.5ℓ 寶特瓶側身，可實際掀開使用也能當作收納盒。
製作鍋子時，要調整蓋子大小，使本體和蓋子相合。白色碗狀冰淇淋盒，用顏料畫出斑駁感。

雙柄鍋的作法

〔P026〕

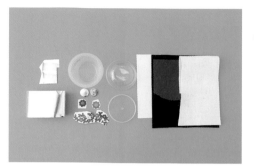

(材料)

果凍盒（本體用、底部直徑約5cm、口徑約9.5cm）1個、圓拱形容器（蓋子用、蛋糕等蓋子直徑約9cm）1個、棉花棒容器蓋（直徑約7.8cm）1個、羊毛氈（白色、橘色、黑色）、直徑2.5cm核桃扣1顆、鋁箔膠帶、0.58mm厚的厚紙板、鏡面紙、裝飾貼紙。
※本體和蓋子依照容器製作出紙型。

把手的實物大紙型P074

〔本體製作〕

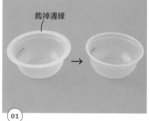

01 將果凍盒邊緣裁成直徑8.5cm。

裁掉邊緣

02 順著底部粗略剪下羊毛氈。

03 用瞬間膠將剪下的羊毛氈黏在底部，順著底部形狀修剪成形。

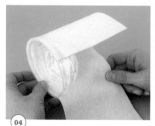

04 用瞬間膠將羊毛氈黏在側面。

05 順著側面形狀剪掉多餘的羊毛氈。

羊毛氈　厚紙板　羊毛氈

06 用瞬間膠將厚紙板黏在1片把手用的羊毛氈，再重疊黏上2片羊毛氈，製作2片。

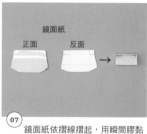

鏡面紙
正面　　反面

07 鏡面紙依摺線摺起，用瞬間膠黏合，製作2個支撐。

〔蓋子製作〕

(Point)

鋁箔膠帶

把手

支撐

08 用鋁箔膠帶（0.3cm寬）將容器口夾在中間黏合。用瞬間膠將支撐和把手黏在本體，裝飾貼紙貼在側面。

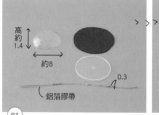

高約1.4
約8
0.3
鋁箔膠帶

01 將圓拱形的容器蓋子裁成直徑約8cm、高約1.4cm。準備黏在圓拱的羊毛氈，以及黏在棉花棒容器蓋外圍的鋁箔膠帶（0.3cm寬）。

標註記號的方法

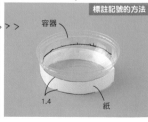

容器

1.4　　紙

1.4cm寬的紙圍成一圈，容器放進中間標註高度記號。

鋁箔膠帶

02 用瞬間膠將羊毛氈黏在圓拱外側，用鋁箔膠帶將棉花棒容器蓋的邊緣夾在中間黏合。

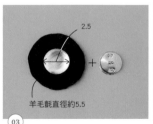

2.5

羊毛氈直徑約5.5

03 利用核桃扣製作。

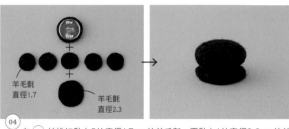

羊毛氈直徑1.7

羊毛氈直徑2.3

04 在 03 核桃扣點上5片直徑1.7cm的羊毛氈，再黏上1片直徑2.3cm的羊毛氈，做成鍋蓋頭。

\ 完成 /

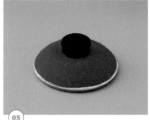

05 將 02 的圓拱和棉花棒蓋子相嵌，中央黏上鍋蓋頭。

請找找尺寸相合的容器來創作。

單柄鍋的把手

製作單柄鍋時，要在容器開孔安裝把手。

材料

果凍盒（本體用、底部直徑約5.7cm、口徑約7.5cm）1個、果凍盒（蓋子用、底部直徑約5.5cm、口徑約7cm）1個、羊毛氈（白色、黃綠色、黑色）、0.58mm厚的厚紙板、直徑2.2cm核桃扣1顆、鋁箔膠帶、鏡面紙、裝飾貼紙。
※本體和蓋子依照容器製作出紙型。

把手的實物大紙型P074

〔把手的作法〕

鏡面紙（正面）

01 裁切鏡面紙。

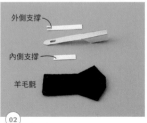

外側支撐

內側支撐

羊毛氈

02 依摺線摺起用瞬間膠黏合。也裁切出支撐的厚紙板和羊毛氈。

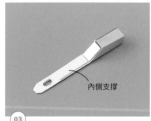

內側支撐

03 用瞬間膠將支撐黏在把手外側和內側。

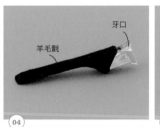

牙口

羊毛氈

04 用瞬間膠將羊毛氈黏在把手。鏡面紙的邊緣剪出0.5cm牙口。

把手

05 容器開出長1×寬0.8cm的孔，將把手插入用瞬間膠固定。※實際製作時將羊毛氈黏在容器外側後才開孔。

羊毛氈

06 將遮飾的羊毛氈黏在內側。

保鮮盒 & 托盤

這些都是大家曾看過的保鮮盒和琺瑯托盤。
利用豆腐盒和空糖果罐製作。
蓋子的紙型是依照容器尺寸製作，
所以是利用家中的容器就可輕鬆設計製作的小物。
請大家如同放入碗盤收納籃一般，試試擺放各種大小尺寸。

H:10cm

| **How to make** |

A：32頁
B：33頁
C（圓形）：57頁
其他：參考作品

| 完成 |

A：（大）約長5.5cm×寬9.5cm×高5.5cm、
　　（小）約長5cm×寬7.5cm×高5cm
B：各約直徑5.5cm×高4cm

為了製作出逼真感，蓋子重疊貼出雙層或三層邊框，細節的表現最重要。
將明治 Choco BABY 裁成想要的高度，蓋子黏上羊毛氈，不論哪一個都能實際裝進或收納小物，實用性也超高。

吐司保鮮盒的作法

〔P030〕

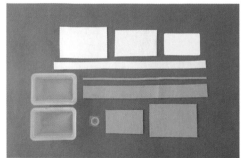

(材料)

豆腐盒（約長5.5×寬11×高4cm）2個、
羊毛氈（白色、赭色）、0.58mm厚的厚紙板、裝飾貼紙。
※羊毛氈依照容器製作出紙型。

〔 本體製作 〕

Point

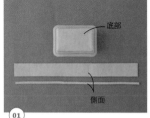

底部
側面

01 用瞬間膠將羊毛氈黏在豆腐盒底部。依段差準備側面的羊毛氈。

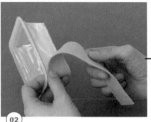

02 用瞬間膠黏上側面的羊毛氈。

> > > >

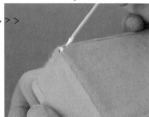

角落空隙出現時，補上瞬間膠從上面按壓羊毛氈黏緊。

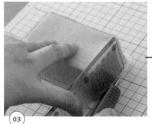

03 裁切上部的兩側。

稍微斜裁
0.2 2.5
邊緣的羊毛氈

04 黏上邊緣的羊毛氈。羊毛氈比容器稍大。

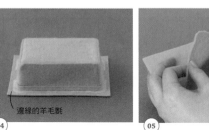

05 內側剪開，一開始粗略裁剪，再沿著邊緣修剪整齊。

〔 蓋子製作 〕

順著容器修剪
0.1

06 修剪邊緣外側。裁切時比容器邊緣多0.1cm，兩側裁切處則順著容器修剪。

貼紙

07 側面貼上貼紙。

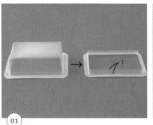

1

01 在距離容器口1cm處裁切豆腐盒。

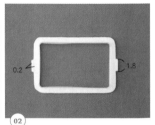

0.2 1.8

02 蓋子邊緣外側黏上羊毛氈（邊緣黏貼方式請參照本體 **04** ）。裁切時兩側中央1.8cm處超出0.2cm。

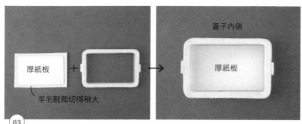

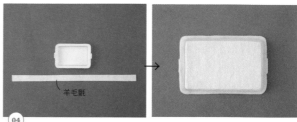

03 順著蓋子上部裁出厚紙板，黏上羊毛氈，用瞬間膠黏在 **02** 。剪掉多餘的羊毛氈。

04 依照側面的長寬準備羊毛氈。將羊毛氈黏在蓋子側面。剪掉超出部分，修剪成形。

\ 完成 /

小尺寸

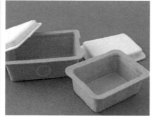

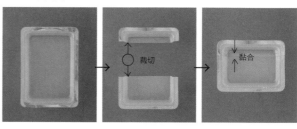

配合手邊有的容器製作出紙型，創作出各種形狀。

如果沒有符合心中尺寸的容器，裁切容器後用透明膠帶黏合，也可以做出自己想要的尺寸。蓋子也用相同的方式裁切、黏合。

保鮮盒B的作法

〔P030〕

蓋子上部的實物大紙型P057

材料

飲料容器（底部直徑約4.8cm）1個、羊毛氈（綠色）、0.58mm厚的厚紙板、裝飾貼紙。
※蓋子、側面、底部的羊毛氈依照容器製作出紙型。

〔本體製作〕

★=也包括羊毛氈的厚度

在距離容器底部3cm處裁切，在底部和側面黏上羊毛氈。

〔蓋子製作〕

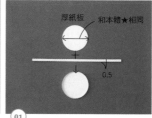

01 準備與本體容器口外圈相同尺寸的圓和側面的厚紙板。將蓋子黏在側面寬度的中央。

\ 完成 /

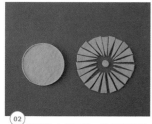

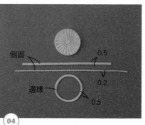

02 單面黏上羊毛氈，並且準備圖樣用的羊毛氈（22片三角形、1片圓形）。

03 三角形羊毛氈一片一片稍微錯開黏貼。不夠時增加片數，多的時候減少片數即可。

04 將圓形羊毛氈黏在中央，準備側面和邊緣的羊毛氈。

蓋子側面依照0.5cm寬、0.2cm寬的順序黏上羊毛氈，邊緣黏在蓋子上部。本體側面貼上裝飾貼紙。

玻璃木盒 & 玻璃餐具

H:10.5cm

只是將寶特瓶底裁切下來，
看起來就像是玻璃餐具，令人驚訝！
在灑落的光線下還會晶晶亮亮，像極了真正的玻璃物件。
有顏色的餐具利用清潔劑瓶和汽水糖罐製作。
玻璃木盒用厚紙板和羊毛氈，玻璃部分用塑膠板製作而成。
湯匙和叉子為鋁箔紙的本體加上羊毛氈，
再貼上美甲貼紙裝飾。

| How to make |

A：72頁
B：42頁
其他：參考作品

| 完成 |

A：約長10.5cm×寬15cm×高3.2cm
B：各長約3.5～4cm

小小餐具也能提升拍照攝影的造型。天氣好的日子，伴著陽光拍照，絕對可以當成 IG 美照！
用蕾絲或小吊飾等裝飾，彷彿店家的時尚陳列，樂趣無窮。

電子鍋 & 保溫壺

擁有標誌性花朵圖樣的電子鍋和保溫壺組合
令人想起阿嬤家的卓袱台（可折疊四腳矮桌）。
電子鍋用罐頭、保溫壺用果汁罐製作本體。
開關、按鈕到插座都追求逼真的設計。
在桌上看到這樣的收納小物，
一定會不禁大喊：「真令人懷念！」

H:11.5cm

| How to make |

A：38頁

B：39頁

| 完成 |

A：約底部直徑5.8cm×高11.5cm
B：約底部直徑8.5cm×高8.5cm

電子鍋蓋直接使用罐頭蓋，連結部件使用吸管和9針的組合，方便掀蓋。

只要變換羊毛氈顏色，就會散發不同的氛圍。放入奶精和砂糖擺在桌上，就能享受美好的午茶時光。

· POT ·

保溫壺的作法

〔P036〕

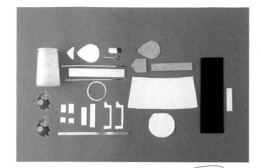

（材料）

飲料罐1個、羊毛氈（白色、黑色、灰色）、
0.58mm厚的厚紙板、鏡面紙、裝飾貼紙。
※本體側面和底部依照容器製作出紙型。

部件的實物大紙型P075

〔 本體製作 〕 .... *Point*

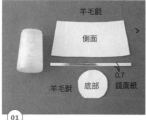

01　準備黏在容器周圍的羊毛氈和鏡面紙。

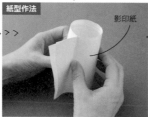

紙型作法

02　將影印紙捲在容器外一圈，摺出摺痕。

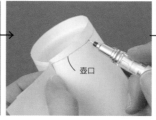

標註壺口和底部的標線。

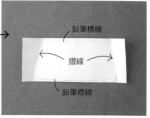

摺線和鉛筆標線成為容器輪廓的紙型。

02　稍微裁掉容器的瓶口邊緣。

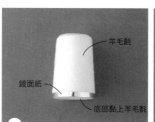

03　用瞬間膠將羊毛氈黏在底部，黏上側面的鏡面紙和羊毛氈。

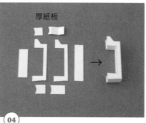

04　準備把手的厚紙板，用瞬間膠黏貼。

05　將羊毛氈黏在 04 。把手的羊毛氈裁得比厚紙板稍大，再修剪超出部分。裁切一片連接外側表面和內側表面的羊毛氈。

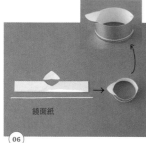

06　用瞬間膠黏合瓶口的鏡面紙。

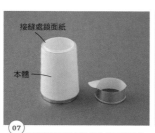

07　用瞬間膠將接縫處的鏡面紙黏在本體的瓶口。

08　用瞬間膠將瓶口黏在本體。準備黏在瓶口內側的羊毛氈。羊毛氈準備得比鏡面紙大，黏好後再修剪。

09　用瞬間膠將羊毛氈黏在瓶口內側，黏上把手。

〔 蓋子製作 〕

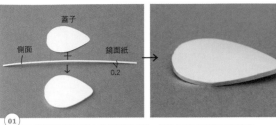 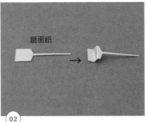 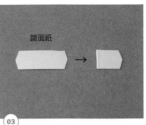

01　用瞬間膠將側面黏在蓋子的鏡面紙，側面依蓋子輪廓長度裁剪。

02　剪下連接部件的鏡面紙，依照摺線摺起。

03　開蓋按鍵的鏡面紙對摺用瞬間膠黏合。

\ 完成 /

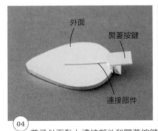 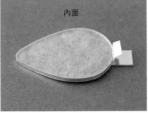 

04　蓋子外面黏上連接部件和開蓋按鍵，內面黏上羊毛氈。

用瞬間膠將連接部件的摺痕沿著把手黏合。貼上側面的裝飾貼紙。

・ RICE COOKER ・

電子鍋的作法
〔 P036 〕

部件的實物大紙型 P074

 材料

罐頭罐（鳳梨罐頭約直徑8.4×高5.5cm）1個、透明膠帶管芯（直徑約8.2cm）1個、羊毛氈（白色、黑色、灰色）、0.58mm厚的厚紙板、鏡面紙、直徑0.4cm吸管1根、鋁箔紙、鋁箔膠帶、乙烯基膠帶（灰色）、0.5cm厚的5cm方形鋼板、9針1支、膠帶（紅色、黑色）、裝飾貼紙。※本體和蓋子依照容器製作出紙型。※請小心手不要被罐口割傷。

〔 本體製作 〕

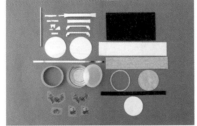 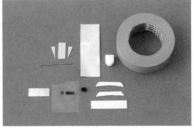

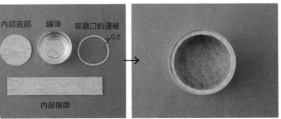 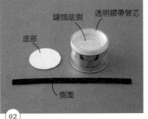 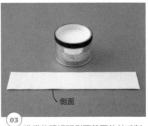

01　依照罐頭尺寸準備內部底部、內部側面、容器口邊緣的羊毛氈，用瞬間膠黏貼。

02　用瞬間膠將透明膠帶管芯黏在①底部。依照管芯側面尺寸準備羊毛氈（黑色）並且黏上。底側貼上羊毛氈（白色）。

03　準備依照罐頭側面剪下的羊毛氈（白色）。

〔 蓋子製作 〕

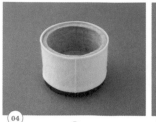

04 用瞬間膠將 (03) 的羊毛氈黏在側面。

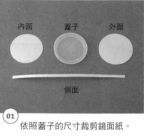

01 依照蓋子的尺寸裁剪鏡面紙。

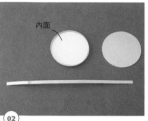

02 將內面的鏡面紙放進蓋子內側。

03 也用瞬間膠黏上外面和側面的鏡面紙。

〔 開關製作 〕

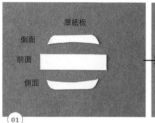

01 用瞬間膠黏上厚紙板做成開關。

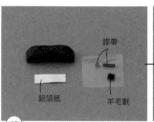

02 將羊毛氈黏在 (01) 的周圍,黏上鋁箔紙、膠帶、羊毛氈。

〔 把手製作 〕

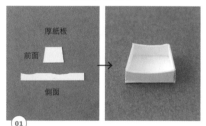

01 用瞬間膠黏合A厚紙板。

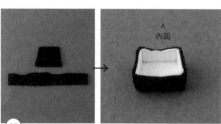

02 將羊毛氈黏在 (01) 周圍。

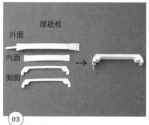

03 用瞬間膠黏合把手本體的厚紙板。

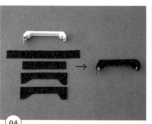

04 將羊毛氈黏在 (03) 周圍。先粗略裁剪羊毛氈,黏在厚紙板後再修剪成形。

05 準備連接部分用的0.4cm吸管,將連接部分做成圓弧形。

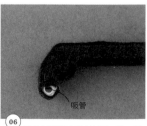

06 把手本體連接部分包覆吸管,用瞬間膠黏合。

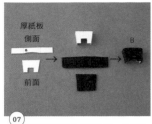
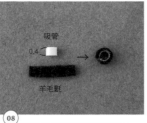

07 用瞬間膠黏合B厚紙板，外側黏上羊毛氈。

08 羊毛氈包覆B連接部分用0.4cm吸管，以瞬間膠黏合。製作2個。

09 用9針將B固定在把手本體。9針穿過吸管、另一端用鉗子折成一個圓，剪掉多餘部分。

〔 電線製作 〕

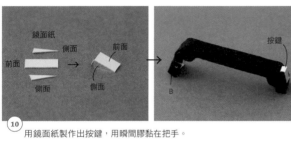
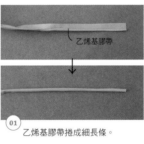

10 用鏡面紙製作出按鍵，用瞬間膠黏在把手。

01 乙烯基膠帶捲成細長條。

02 束成自己喜好的長度。

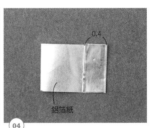

03 裁切出插座孔的鋼板，周圍黏上乙烯基膠帶。

04 鋁箔紙摺成5層後剪下，製作2個0.6×0.4cm。

05 在 03 側面剪出牙口，將 04 插入。

〔 組合 〕　　　　　　　　　　　　＼ 完成 ／

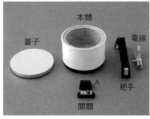

各部件完成後，用瞬間膠將把手黏在蓋子，將B黏在本體。

配合把手位置，用瞬間膠將A黏在本體，將開關黏在本體正面。電線插入B開孔部分，用瞬間膠固定。

叉子（小）的作法

〔P034〕

(材料) 鋁箔膠帶、羊毛氈（黑色）、裝飾貼紙

實物大紙型

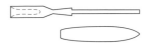

※紙型很細，所以可以先剪粗一點，之後
　再修整成形會比較好做。

鋁箔膠帶

01　將2片鋁箔膠帶黏合。

羊毛氈

02　用羊毛氈夾住 01 的握柄部分，
　　用瞬間膠固定。

貼紙

03　調整好羊毛氈後修剪，中央貼上
　　裝飾貼紙。

04　調整形狀，貼紙使用美甲貼紙。

其他餐具的作法也相同。

實物大紙型

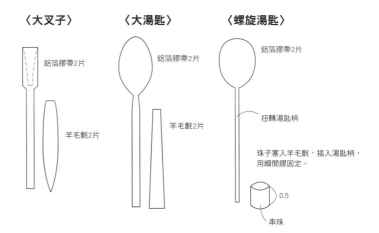

〈大叉子〉

鋁箔膠帶2片

羊毛氈2片

〈大湯匙〉

鋁箔膠帶2片

羊毛氈2片

〈螺旋湯匙〉

鋁箔膠帶2片

扭轉湯匙柄

珠子塞入羊毛氈，插入湯匙柄，
用瞬間膠固定。

0.5

串珠

Part 4

懷舊針線盒

昭和懷舊裁縫箱

H:9.5cm

昭和30～40年代的裁縫箱，當時還有出口至國外，相當受歡迎。

本體使用優格罐，

刺繡圖樣的呈現是用裁成1mm寬的羊毛氈拼接成線圈狀。

配色多彩只是擺放著都可成為室內裝飾。

拿來裝用耳環或戒指等，當成首飾盒也很不錯。

| **How to make** |

A：48頁

其他：參考作品

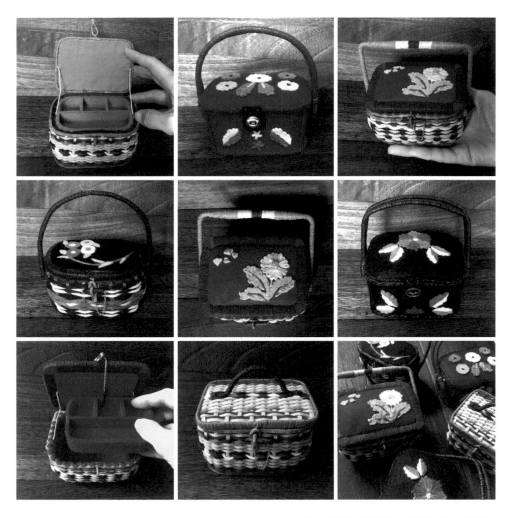

把手、刺繡圖樣和編織顏色等,設計變化無窮。構思自己專屬的設計也充滿手作的樂趣。羊毛氈有厚度,本體完成後做分隔時,建議一邊確認是否可以放入,再一邊調整。

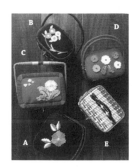

| 完成 |

A～E:各約長7cm×寬9.5cm×高6cm

H:5cm

古典針線盒

歐洲常用的針線盒。

在羊毛氈塗上瞬間膠,營造出塑膠和藤編質感。

這樣一來,羊毛氈的韌度增加,即使很細也不易斷,方便編織。

當成隨身攜帶的針線盒也很可愛。

請依分隔喜好設計成有分隔、沒分隔或一半分隔。

| How to make |

A:51頁

其他:參考作品

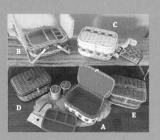

| 完成 |

A~E:各約長7cm×寬9.5~10cm×高5~6cm

編織圖樣參考實際針線盒的色彩挑選羊毛氈顏色。40cm 大小的方形羊毛氈使用方便。
容器和厚紙板的厚度部分,也用羊毛氈或彎曲帶黏在上面收邊,成品會更漂亮。

昭和懷舊裁縫箱A的作法

〔P044〕

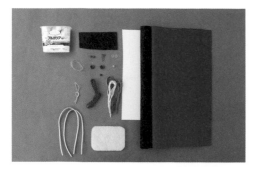

材料

優格罐1個、羊毛氈（紅色、黑色、焦茶色）、花朵圖樣用羊毛氈（橘色、紅色、朱紅色、淡黃色、抹茶色、淡粉紅色都裁成0.1cm寬）、絎縫布襯20×10cm、0.58mm厚的厚紙板、直徑0.3cm金屬線（鋁）1m、直徑0.35mm金屬線（鋼）1.5m、直徑0.4cm紅色珠子2顆、直徑1cm金屬墊圈4個、T針10支、0.8cm寬彎曲帶、直徑0.2cm繩線20cm、直徑1.5cm金屬扣2顆、直徑0.5cm珠子1顆、0.6cm鱷魚夾1個。
※本體和蓋子依照容器製作出紙型。

部件和圖案的實物大紙型P078

〔羊毛氈條製作〕

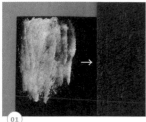

01 羊毛氈塗上瞬間膠待乾。準備塗單面和兩面都塗的羊毛氈。

約40
單面有瞬間膠
兩面都有瞬間膠

02 瞬間膠乾後，裁成0.2cm寬（裁切方法請參照P051的 **02** ）。

03 兩面都有瞬間膠的羊毛氈條編成辮子。

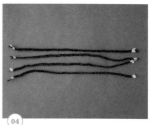

04 製作4條長約35cm。

〔蓋子製作〕

外蓋　絎縫布襯
厚紙板　內蓋

01 準備蓋子的厚紙板、羊毛氈、絎縫布襯。外蓋的羊毛氈裁大一圈。

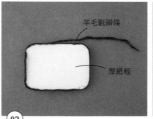

羊毛氈辮條
厚紙板

02 在厚紙板上重疊2片絎縫布襯，上方疊上外蓋羊毛氈，再以瞬間膠黏合。用瞬間膠將羊毛氈辮條黏在側面。

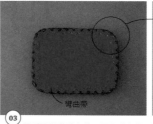

彎曲帶

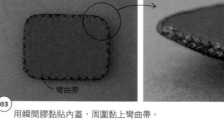

03 用瞬間膠黏貼內蓋，周圍黏上彎曲帶。

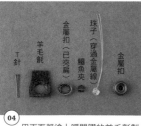

T針　羊毛氈　金屬扣（已夾扁）　金屬扣（穿過金屬線）　鱷魚夾　珠子　金屬扣

04 用兩面都塗上瞬間膠的羊毛氈製作掀蓋。

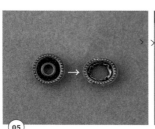

05 用鉗子夾扁金屬扣。

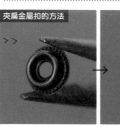

Point

夾扁金屬扣的方法

用鉗子夾扁，內側也夾扁。

〔提把製作〕

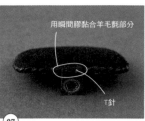

06 夾扁的金屬扣插入羊毛氈用瞬間膠固定。

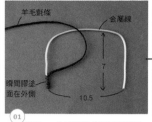

07 為了讓掀蓋連接在蓋子中央，用起子在側面開一個可讓T針穿過的孔，用T針固定掀蓋。

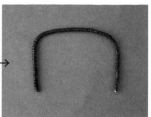

01 將3mm金屬線彎成提把的形狀。一點一點塗上瞬間膠，一邊捲黏羊毛氈條（只有單面塗瞬間膠的羊毛氈）。

〔 **本體製作和組合** 〕

02 用瞬間膠將羊毛氈（焦茶色）黏在提把兩端。外側也塗上瞬間膠，等乾了後會呈現皮革質感。

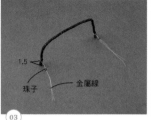

03 兩端1.5cm位置捲黏2圈金屬線（25cm），並穿過珠子（長度剪成一半），製作2條。

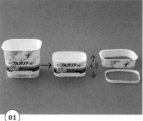

01 裁掉優格罐底突出的部分，在離底部高4.5cm處裁切。

02 用瞬間膠將羊毛氈黏在本體側面和底部。利用容器製作出紙型。

03 用瞬間膠將羊毛氈辮條黏在側面開口、底部和四個角。

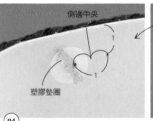

04 用起子在側面開出連接提把的孔。穿過提把的金屬線，穿過塑膠墊圈，如照片般用金屬線固定。

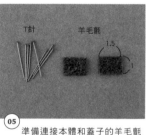

05 準備連接本體和蓋子的羊毛氈（兩面都塗有瞬間膠的羊毛氈）、T針。

06 用起子在本體側面開出將T針穿進的孔，用T針固定羊毛氈。

07 用鉗子折彎插入的T針固定。

08 配合蓋子以同樣的方式使用起子開孔，插入T針，與本體連接。

09 本體前面開出插入金屬扣的孔，嵌入金屬扣。

金屬扣　約1

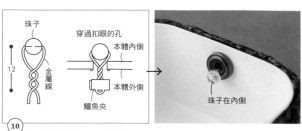

珠子

12

金屬線

穿過扣眼的孔

本體內側

本體外側

鱷魚夾

珠子在內側

10 金屬線穿過珠子，如圖製作成小把手，穿過金屬扣的孔。

11 金屬線前端夾上鱷魚夾。

鱷魚夾

12 用起子在蓋子兩側開孔。繩線穿過開孔，用瞬間膠固定。繩線另一端也用瞬間膠固定在本體側面。

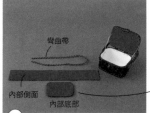

彎曲帶

內部側面　　內部底部

內部底部（反面）

13 用瞬間膠黏上內部側面，羊毛氈包住厚紙板，用瞬間膠固定製作成內部底部後再放入裡面，開口側上面黏上彎曲帶。配合本體製作出內部底部和內部側面紙型。

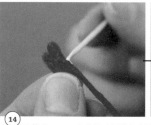

14 用裁成0.1cm寬的羊毛氈製作出刺繡圖樣。用瞬間膠固定折出的圖樣形狀。

\ 完成 /

15 每個部件完成後，用瞬間膠黏在蓋子。

16 側面的圖樣也用相同方法製作，用瞬間膠黏貼。

提把部分的金屬線用黑色油性筆塗色。盡情享受設計各種花朵圖案的樂趣吧！

古典針線盒A的作法
〔P046〕

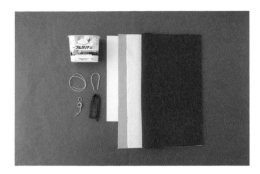

材料

優格罐1個、羊毛氈（白色、紅色、米色）、0.58mm
厚的厚紙板、0.8cm寬彎曲帶、直徑1.6mm金屬線（白
色）15cm、直徑0.9mm金屬線（白色）10cm、直徑
2mm金屬線（鋁）7cm、直徑0.2mm繩線20cm。
※本體和蓋子依照容器製作出紙型。

托盤的實物大紙型P073

〔羊毛氈條製作〕

01 羊毛氈單面塗上瞬間膠待乾。

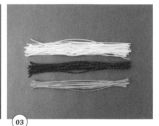

02 瞬間膠乾後，裁成0.2cm寬。用
輪刀裁切，就會又細又整齊。

03 將3種顏色都裁切成條狀。

〔本體外側製作〕

Point

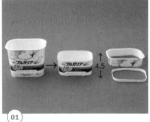

01 裁掉優格罐底突出的部分，在離
底部高4.5cm處裁切。

1cm間隔

8

瞬間膠塗面朝上

02 將羊毛氈條（米色）間隔1cm
放在影印紙上，排列出32條，用紙
膠帶固定。

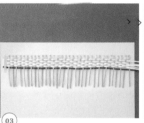

〉〉〉〉

03 編織羊毛氈條（紅色、白色）。
第6、8、10段編進紅色羊毛氈條。

編織時一邊用牙籤調緊，一邊編織，
成品會更漂亮。

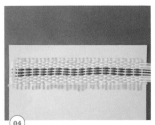

04 編織到裁切容器的高度約
4.5cm。

05 用瞬間膠將羊毛氈黏在容器外
側。

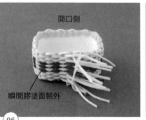

開口側

瞬間膠塗面朝外

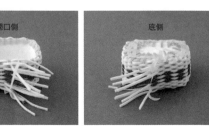

底側

06 編織好的 **04** 圍住的 **05** ，長邊的羊毛氈條（米色）分別折進開口側和
底側，剪齊羊毛氈條前端並用瞬間膠固定。用紙膠帶固定至瞬間膠乾。

07 瞬間膠乾燥且固定後拆掉紙膠帶。

08 準備底部的羊毛氈。為了讓羊毛氈表面平順，配合底部尺寸裁切出外側底部和羊毛氈條反摺的內側用。

09 用瞬間膠依照內側用和外側底部的順序黏貼。

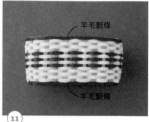

10 接縫部分的羊毛氈，剪成可藏進長邊羊毛氈條（米色）的長度並用瞬間膠黏在裡面，這樣就看不出接縫，成品會很漂亮。

11 如果想遮飾所有的接縫部分，用瞬間膠將羊毛氈條（紅色）黏在上緣和下緣。

〔蓋子製作〕

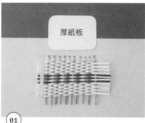
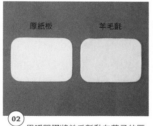
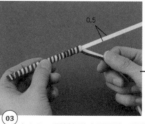
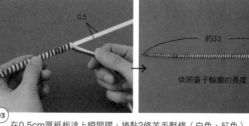

01 依照蓋子的厚紙板與本體側面一樣，編織羊毛氈條。依照本體的開口側作出蓋子的紙型。

02 用瞬間膠將羊毛氈黏在蓋子的厚紙板。

03 在0.5cm厚紙板塗上瞬間膠，捲黏2條羊毛氈條（白色、紅色），製作成邊緣。

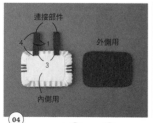
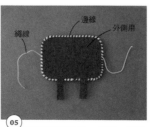
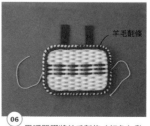
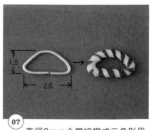

04 用瞬間膠將01黏在02的羊毛氈側。剪掉往內摺的多餘羊毛氈條，用瞬間膠黏合。和本體的08一樣，黏上內側用羊毛氈，將連接部件的羊毛氈黏在一側。

05 在側邊各夾住10cm繩線，用瞬間膠黏貼外側用羊毛氈。用瞬間膠將03的邊緣黏在蓋子周圍。

06 用瞬間膠將羊毛氈條（紅色）黏在邊緣內側。

07 直徑2mm金屬線彎成三角形用瞬間膠固定。捲黏2條羊毛氈條（白色、紅色）製作成提把。

〔 本體完成 〕

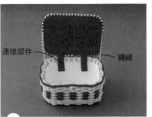

08 提把固定在蓋子中央。用起子開孔，直徑0.9mm的金屬線彎成U字形插入，用瞬間膠固定。

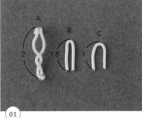

09 配合蓋子，用瞬間膠將連接部件黏在本體開口。用瞬間膠將繩線黏在本體內側，繩長以掀蓋時方便取物即可。

連接部件
繩線

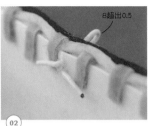

01 用1.6mm金屬線製作成金屬配件。

A
B
C

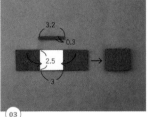

B超出0.5

02 配合B用起子在本體正面開2個孔。B插入後末端折彎固定。

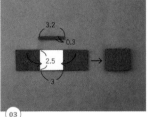

03 製作托盤架。羊毛氈包覆厚紙板後並用瞬間膠將收邊的羊毛氈黏在上面。

3.2
0.3
2.5
3

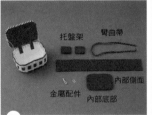

04 用羊毛氈包覆厚紙板，用瞬間膠黏合製作出內部底部，也準備內部側面的羊毛氈、開口用的彎曲帶。依照本體製作出內部底部和內部側面的紙型。

托盤架
彎曲帶
金屬配件
內部底部

05 內部側面用瞬間膠黏上，放入內部底部。托盤架黏在兩側，用瞬間膠將彎曲帶黏在開口上面。

彎曲帶
托盤架

06 將A扣在 01 的金屬配件C，前端用鉗子折彎固定。配合C的間距並用起子在蓋子側面開孔，在C的尖端塗上瞬間膠插入。

C
A
B

〔 底盤製作 〕

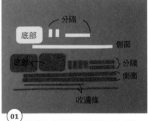

01 準備各部件的厚紙板和羊毛氈。
※有實物大紙型，但是尺寸會因為本體羊毛氈厚度和黏貼方式而有差異，所以請在本體完成後確認尺寸。

分隔
底部
側面
分隔
側面
收邊條

02 用瞬間膠黏合底部和側面的厚紙板（弧形黏貼方法請參照P055）。

側面
底部

03 用瞬間膠黏上外側底部、內部底部、外部側面、內部側面的羊毛氈，剪掉超出部分。

外側底部
外部側面

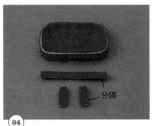

04 分隔的厚紙板兩面都黏上羊毛氈。

分隔

＼ 完成 ／

05 用瞬間膠將分隔黏在托盤。

分隔

06 用瞬間膠將收邊的羊毛氈（0.2cm寬）黏在上面露出厚紙板的部分。

收邊條

請一邊考量厚紙板和羊毛氈的厚度，一邊製作紙型。

──── 作業前的事前須知 ────

這邊將介紹常用工具和常用基本材料。
另外，也請參考紙型作法和羊毛氈黏貼的方法等技巧，事前瞭解將能順利製作。

〔如果有就很方便的工具〕

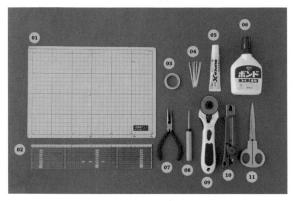

01_切割墊：用刀片裁切羊毛氈和容器時使用的板墊。

02_切割尺：裁切專用、有不鏽鋼邊緣的尺，方便使用。

03_紙膠帶：用於暫時固定直到接著劑乾燥。

04_牙籤：沾取接著劑時使用。

05_接著劑：可看到黏貼面時使用，可讓成品更漂亮。

06_瞬間膠：用於黏合厚紙板和羊毛氈。快乾型的較為方便。

07_鉗子：折彎金屬線、夾扁鈕扣時使用。建議用斜口鉗。

08_起子：在厚紙板和寶特瓶開孔時使用。

09_輪刀：將羊毛氈裁成細條狀時比刀片更方便。

10_刀片：裁切厚紙板和寶特瓶時使用。

11_剪刀：用於裁剪羊毛氈和厚紙板。

〔基本材料〕

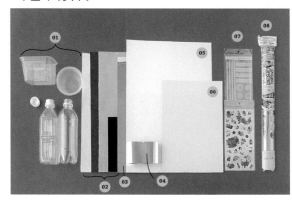

01_空容器：味噌、果凍或寶特瓶等空容器。用於製作作品的本體，或利用側邊的圓弧。

02_羊毛氈：種類豐富可以呈現多樣物品的顏色，製作羊毛氈條時使用40cm的方形羊毛氈較方便。

03_鏡面紙：貼有銀箔紙的厚紙板，表現不銹鋼家電時使用。

04_鋁箔膠帶：銀色條帶的反面塗有黏著劑，材質比鏡面紙還要薄。

05-06_厚紙板：1mm和0.58mm厚等，依製作部分和大小使用不同厚度。

07_裝飾貼紙：貼紙或美甲貼紙。

08_鋁箔紙：廚房用鋁箔紙。

鏡面紙

鋁箔膠帶

· 裁切容器的方法 ·

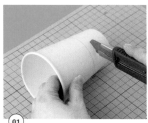

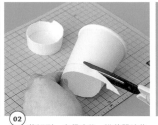

01 一開始從比記號大的地方粗略裁切。

02 裁切到一定程度後，沿著記號裁切，這樣會比較好裁切。

· 將羊毛氈和紙黏貼整齊的方法 ·

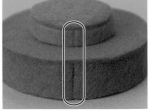

黏在底座厚紙板上的羊毛氈、鋁箔紙和金屬線的接縫全部對齊，成品就會很漂亮。

· 利用容器製作出紙型的方法 ·

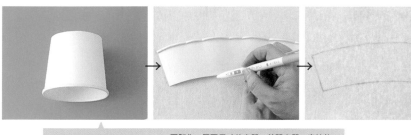
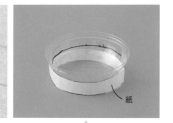

再製作一個相同形狀
再製作一個同尺寸的容器。剪開容器,直接放在羊毛氈上標示記號。

使用紙尺
離底部〇cm時,依照這個尺寸裁紙,如照片圍住容器,標示出高度。

紙

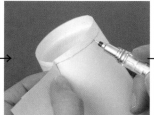

摺線

直接將紙捲在容器上
直接將紙捲在容器上,摺出摺痕並畫出輪廓線條製作出紙型。

· 圓弧狀塗抹瞬間膠的方法 ·

01 用厚紙板微微彎成弧形。

02 塗上瞬間膠的同時,黏合厚紙板,貼上紙膠帶暫時固定。

03 用紙膠帶固定直到厚紙板完全黏合。黏合後撕除紙膠帶。

· 容器不易製作出紙型的羊毛氈黏貼方法 ·

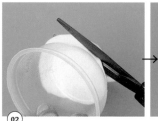
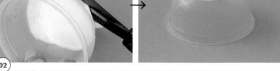

01 順著容器粗略剪下羊毛氈。

02 容器塗上瞬間膠貼上羊毛氈,羊毛氈與容器黏緊後再修剪成形。

昭和懷舊燈具C的作法

〔P020〕

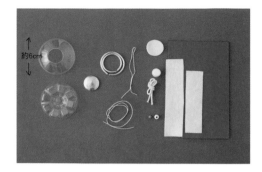

約6cm

材料

500mℓ寶特瓶2瓶（上部為圓弧形、底部為圓形又有凹凸狀）、果凍飲瓶蓋1個、羊毛氈（白色、橘色）、直徑1mm金屬線25cm、細繩線10cm、彈性髮繩10cm、直徑2.5cm核桃扣1顆、直徑0.5cm珠子1顆、直徑0.8cm珠子1顆、直徑0.5cm強力磁鐵1個。
※羊毛氈依照容器製作出紙型（請參照P022）。

〔 本體製作 〕

Point

01 在寶特瓶底部高1～1.5cm裁切，全部用銼刀磨過。

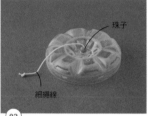
珠子
細繩線

02 細繩穿過直徑0.5cm珠子，用瞬間膠黏在 01 中央。

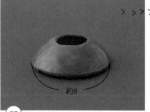
約6

03 另一個寶特瓶，在上部直徑約6cm處裁切，用瞬間膠將羊毛氈（橘色）黏在內側用。

請在各款寶特瓶中找尋尺寸適合的，使 03 可剛好收在 02 中。

〔 鍊條製作 〕

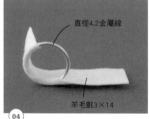
直徑4.2金屬線
羊毛氈3×14

04 金屬線彎成直徑4.2cm的圈，塗上瞬間膠固定，捲上羊毛氈製作成大日光燈。小日光燈的直徑為3.5cm，用羊毛氈3×11cm製作。

0.7
2

05 貼上羊毛氈遮飾 04 的接縫處。

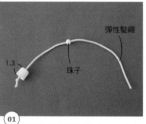
彈性髮繩
珠子
1.3

01 果凍飲瓶蓋裁切成1.3cm，中央用起子開孔。將彈性髮繩穿過這個孔打結，再穿過直徑0.8cm珠子。

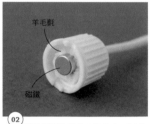
羊毛氈
磁鐵

02 彈性髮繩的結放入瓶蓋中，零碎羊毛氈塞滿至瓶蓋2/3，用瞬間膠固定。放入磁鐵。

〔 組合 〕

\ 完成 /

羊毛氈

03 在 02 上蓋上羊毛氈，用瞬間膠固定。

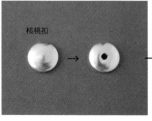
核桃扣

核桃扣中央用起子開孔，用瞬間膠黏在本體內側中央。外側黏上羊毛氈（白色）。與核桃扣開孔相同處，也在本體開孔，穿過彈性髮繩打結。用瞬間膠黏上大小日光燈。

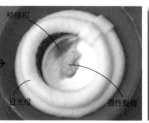
核桃扣
日光燈
彈性髮繩

約6.5

蓋上斗笠即完成。請利用各種形狀的寶特瓶，找出形狀或尺寸適合來搭配。

保鮮盒C〔P030〕

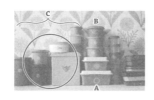

☆作法請參照P33保鮮盒的作法
　製作圓形（大）以外的蓋子時，必須配合每
　個裁切容器的口徑。

〈實物大紙型〉

保鮮盒B

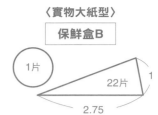

1片　22片　1　2.75

圓形（大）
白色×黃色

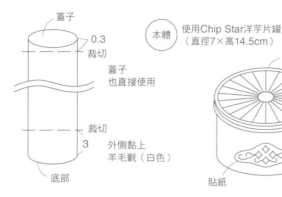

蓋子
0.3
裁切
蓋子
也直接使用
裁切
3　外側黏上
羊毛氈（白色）
底部

本體　使用Chip Star洋芋片罐
（直徑7×高14.5cm）

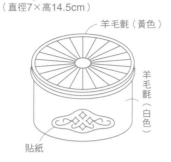

羊毛氈（黃色）
羊毛氈（白色）
貼紙

〈實物大紙型〉

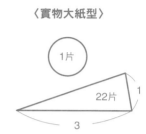

1片　22片　1　3

筒狀
抹茶色

裁切
9

本體　使用180mℓ飲料罐
（底部直徑4.5×高11cm）

〈實物大紙型〉

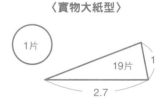

1片　19片　1　2.7

圓形（中）
胭脂色

裁切
6.5

本體　使用240mℓ飲料罐
Mt. RAINIER咖啡罐
（底部直徑5.3cm）

〈實物大紙型〉

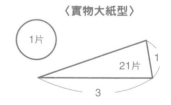

1片　21片　1　3

圓形（小）
粉紅色

裁切
4.5

本體　使用135mℓ飲料罐
森永ICE BOX（底部直徑4.8cm）

〈實物大紙型〉

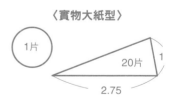

1片　20片　1　2.75

圓形（極小）
綠色、橘色、黃色

裁切
2.5

本體　使用65mℓ養樂多罐
（也可使用Petite Danone優格罐）

〈實物大紙型〉

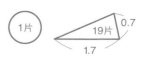

1片　19片　0.7　1.7

調理機F 〔P004〕

材料
500mℓ寶特瓶1瓶（圓形）
羊毛氈（黑色、白色、紅色）
1mm厚的厚紙板
鏡面紙
直徑1cm透明管10cm
直徑1mm金屬線（鋁）15cm
直徑0.55mm金屬線（鋼）35cm
直徑0.5cm吸管1根
鋁箔紙

部件的實物大紙型P060

15

5.5

11

※ Ｅ 只改變本體中央上部，作法與 Ｆ 相同。

〈瓶身的作法〉 ※作法請參照P10～11

①500mℓ圓形寶特瓶

裁切成高約11cm
直徑約6.3cm
直徑約3cm

②加上把手
③製作瓶身底部
④將墊片放入瓶身內側，與底部黏合
⑤製作刀刃，插入瓶身固定
⑥黏上瓶身底部下部的厚紙板和羊毛氈
⑦在瓶身下部側面黏上羊毛氈

把手黏貼的方法

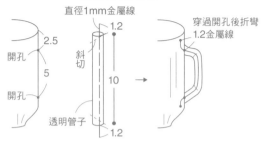

直徑1mm金屬線
開孔 2.5
開孔 5
斜切
1.2
10
1.2
透明管子
穿過開孔後折彎
1.2金屬線

刀刃的作法

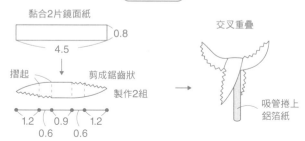

黏合2片鏡面紙
0.8
4.5
摺起
剪成鋸齒狀
製作2組
1.2 0.9 1.2
0.6 0.6
交叉重疊
吸管捲上鋁箔紙

〈底座的作法〉

①用瞬間膠將厚紙板依照底座底部、側面、前面、後面的順序黏合組裝
②將底座頂面黏在①（底座頂面稍微大一點，所以黏貼時要平均邊界）
③底座外側依照底座底部、側面、前面、後面的順序黏上羊毛氈（黑色）
④製作腳墊，黏在四個角
※腳墊的作法請參照P10

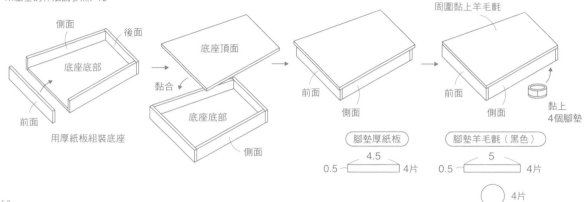

側面　後面
底座底部
前面
用厚紙板組裝底座

底座頂面
黏合
底座底部
側面

前面
側面

周圍黏上羊毛氈
前面
側面
黏上4個腳墊

腳墊厚紙板
0.5　4.5　4片

腳墊羊毛氈（黑色）
0.5　5　4片

4片

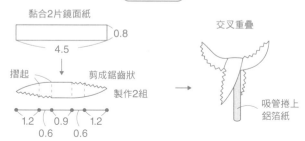

〈本體的作法〉

① 用瞬間膠將厚紙板依照本體後面、側面、上部、前中央、中央上部、前下部的順序黏合組裝

② 外側全部黏上鏡面紙

③ 用厚紙板製作放入本體的按鈕台

- 1 裁切厚紙板放入本體內側，標記出按鈕位置的記號
  ※標註方法請參照P9
- 2 用瞬間膠將側面黏貼組裝在 1
- 3 製作按鈕黏在 2

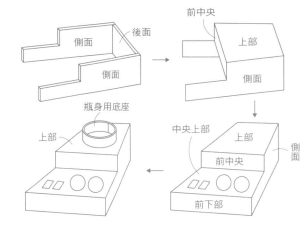

前中央
後面
側面
側面
上部
側面

瓶身用底座

上部
中央上部
上部
側面
前中央
前下部

按鈕台厚紙板

7
1片
3.9
7.8

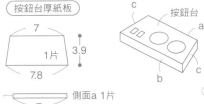

c
按鈕台
a
b
c

0.5 — 側面a 1片
7

0.5 — 側面b 1片
7.8

0.5 — 側面c 2片
3.8

④ 將瓶身用底座黏在上部

- 1 用瞬間膠黏合鏡面紙和厚紙板
- 2 在乾之前彎成一個圓形
- 3 捲在瓶底圓形的周圍，用瞬間膠將鏡面紙（1.8×3cm）黏在外側，內側也黏上鏡面紙
- 4 在鏡面紙上描出 3 的圓的厚度，裁成一個圈
- 5 用瞬間膠將 4 黏在 3 的上面
- 6 用瞬間膠將 5 黏在本體部分的上部中央

⑤ 按鈕台黏在本體內側

⑥ 用瞬間膠將本體與底座黏合

為了隱藏厚度黏在上面
厚紙板
鏡面紙
鏡面紙

按鈕的作法（1個）

厚紙板1片
羊毛氈（紅色）5片

直徑0.55mm
金屬線彈簧1個

※按鈕作法請參照P9
☆也用白色羊毛氈製作1個

〈蓋子的作法〉 請參照P11

① 重疊3層，用瞬間膠黏合

羊毛氈
厚紙板
開孔　直徑2.8

② 重疊2片側面羊毛氈，用瞬間膠黏合

製作成一個圈
※配合瓶身底部

用瞬間膠黏在離內側0.3處

③ 製作蓋頭

裁切寶特瓶底部

4 ＋ 寶特瓶口部分 2.5 → 用瞬間膠黏合

④ 將蓋頭放進蓋子的開孔

蓋頭
蓋子
側面
羊毛氈（黑色）

旋鈕的作法（1個）

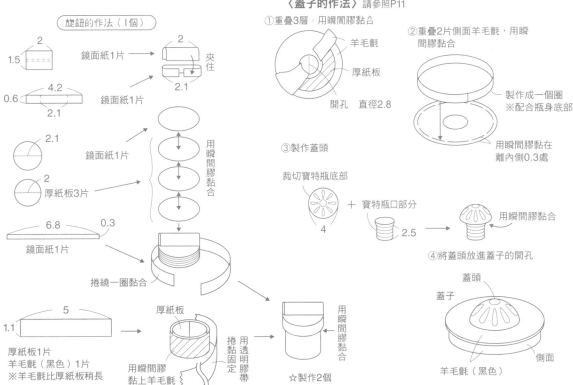

2
1.5
鏡面紙1片
2
夾住
2.1

0.6
4.2
鏡面紙1片
2.1

2.1
鏡面紙1片

2
厚紙板3片

用瞬間膠黏合

6.8　0.3
鏡面紙1片

捲繞一圈黏合

5
1.1
厚紙板1片
羊毛氈（黑色）1片
※羊毛氈比厚紙板稍長

厚紙板

用瞬間膠黏上羊毛氈
捲黏固定
用透明膠帶

用瞬間膠黏合

☆製作2個

〈實物大紙型〉

調理機EF共用

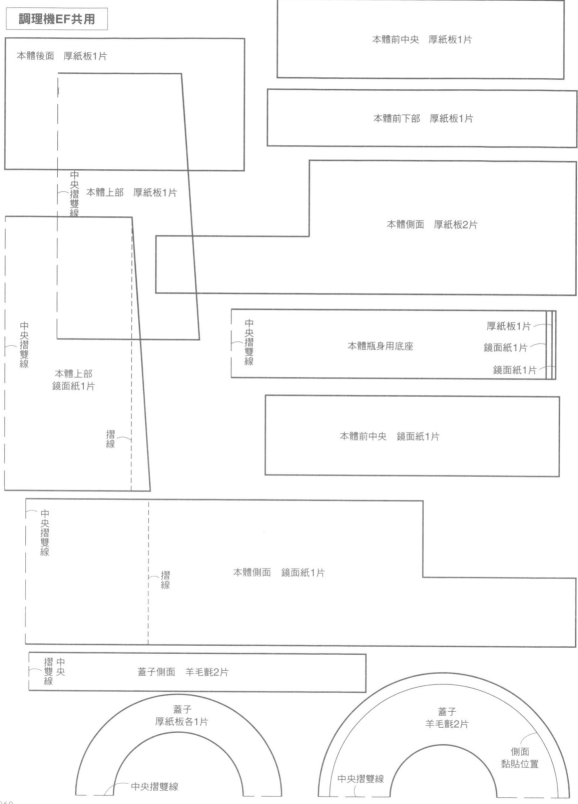

本體前中央　厚紙板1片

本體前下部　厚紙板1片

本體後面　厚紙板1片

本體側面　厚紙板2片

中央摺雙線

本體上部　厚紙板1片

中央摺雙線

本體瓶身用底座

厚紙板1片

鏡面紙1片

鏡面紙1片

中央摺雙線

本體上部
鏡面紙1片

摺線

本體前中央　鏡面紙1片

中央摺雙線

摺線

本體側面　鏡面紙1片

摺雙線

中央

蓋子側面　羊毛氈2片

蓋子
厚紙板各1片

中央摺雙線

蓋子
羊毛氈2片

側面
黏貼位置

中央摺雙線

060

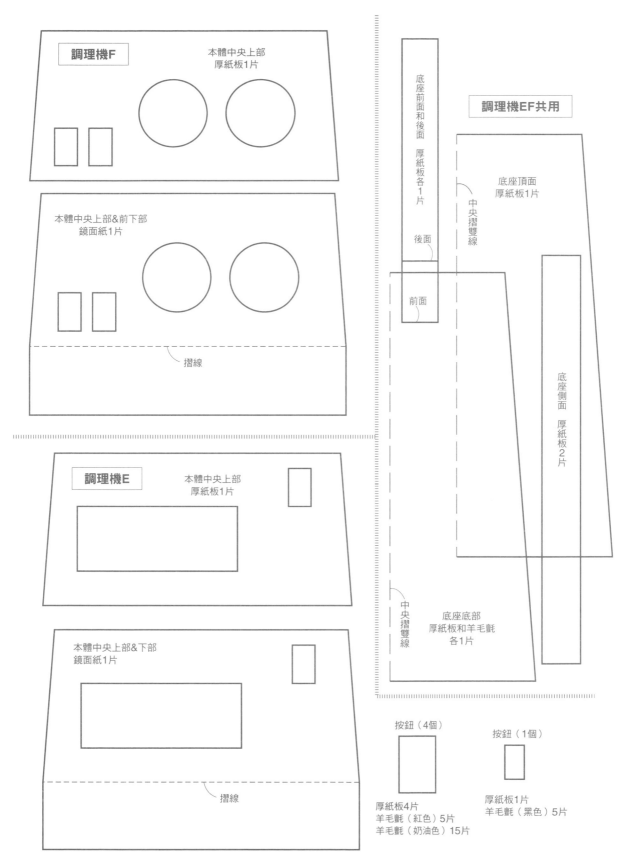

調理機F

本體中央上部
厚紙板1片

本體中央上部&前下部
鏡面紙1片

摺線

調理機E

本體中央上部
厚紙板1片

本體中央上部&下部
鏡面紙1片

摺線

底座前面和後面　厚紙板各1片

後面

前面

中央摺雙線

調理機EF共用

底座頂面
厚紙板1片

中央摺雙線

底座側面　厚紙板2片

底座底部
厚紙板和羊毛氈
各1片

按鈕（4個）

按鈕（1個）

厚紙板4片
羊毛氈（紅色）5片
羊毛氈（奶油色）15片

厚紙板1片
羊毛氈（黑色）5片

攪拌機D〔P006〕

材料 200ml寶特瓶1瓶（底部直徑5.4×高13.8cm）、寶特瓶蓋1個、325ml紙杯1個、羊毛氈（水藍色、白色、黑色）、0.58mm厚的厚紙板、鏡面紙、直徑2mm金屬線（鋁）15cm、全息貼紙、牙籤1根

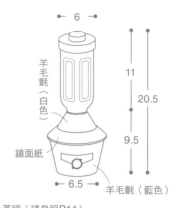

〈底座的作法〉

①裁切紙杯

②在①的周圍黏上羊毛氈（藍色）

③將邊框A的厚紙板捲成一圈用瞬間膠黏合，上面黏上鏡面紙
④在③的邊緣黏上鏡面紙

⑤用瞬間膠將厚紙板B黏在上面
⑥將C的厚紙板黏合成一個圈，上面黏上羊毛氈（白色）
⑦將⑥放在⑤的上面黏合
⑧用瞬間膠將金屬線黏在杯口周圍

⑨製作蓋子，黏上蓋頭（請參照P14）

⑩製作標籤，貼在本體

⑪製作旋鈕，插入標籤的開孔

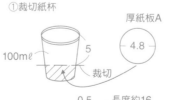

用瞬間膠將厚紙板（0.4×高15cm）捲黏在牙籤上固定

在捲黏好的厚紙板剖面上黏貼厚紙板、鏡面紙，再於側面黏貼羊毛氈

⑫底部黏上厚紙板和羊毛氈（直徑6.4）（請參照P14）

攪拌機F〔P006〕

材料 寶特瓶蓋1個、100ml紙杯1個、羊毛氈（白色、粉紅色）、0.58mm厚的厚紙板、鏡面紙、錫箔膠帶、直徑1mm金屬線（鋁）17cm、直徑0.5cm珠子（銀色）2顆、直徑0.5cm金屬環2個、竹籤1根、乙烯基膠帶（黑色）、裝飾貼紙

〈作法〉

①裁切紙杯

③用瞬間膠將厚紙板和羊毛氈黏合成B，放在②的上面，側面黏上羊毛氈

④杯口的鏡面紙黏成一個圈，黏在③

※基本的製作方法與P12～相同，這裡只解說不同之處。

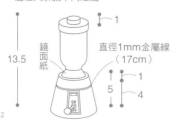

②將捲成圈的厚紙板黏在內側

⑤製作蓋子（請參照P14），蓋頭部分重疊黏合4片羊毛氈（直徑2），側面也黏上羊毛氈

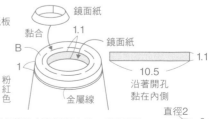

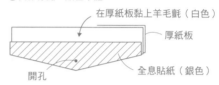

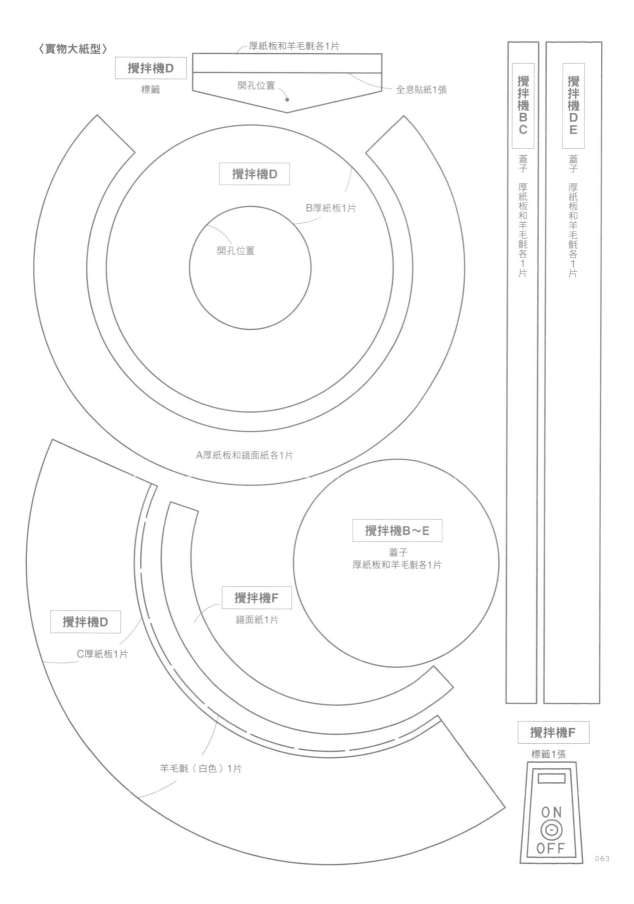

〈實物大紙型〉

攪拌機D
標籤

厚紙板和羊毛氈各1片
開孔位置
全息貼紙1張

攪拌機D
B厚紙板1片
開孔位置

A厚紙板和鏡面紙各1片

攪拌機B～E
蓋子
厚紙板和羊毛氈各1片

攪拌機F
鏡面紙1片

攪拌機D
C厚紙板1片

羊毛氈（白色）1片

攪拌機BC
蓋子 厚紙板和羊毛氈各1片

攪拌機DE
蓋子 厚紙板和羊毛氈各1片

攪拌機F
標籤1張

ON
OFF

攪拌機B 〔P006〕

材料 200mℓ寶特瓶1瓶（底部直徑5.4×高13.8cm）、餐具清潔劑瓶蓋（透明）1個、325mℓ、100mℓ紙杯各1個、羊毛氈（綠色、黑色）、0.58mm厚的厚紙板、鋁箔膠帶、乙烯基膠帶（紅色）、直徑0.5cm珠子（銀色）2顆、直徑0.5cm金屬環2個、竹籤1根、英文字貼紙

〈作法〉

①裁切325mℓ紙杯

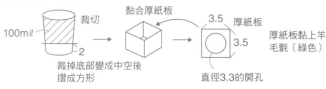

摺成方形　　用透明膠帶黏合
325mℓ　7　裁切　厚紙板　4.8 / 4.8
直徑3.2的開孔
全部黏上羊毛氈（綠色），
底部周圍黏上0.4寬的羊毛氈（黑色）

②裁切100mℓ紙杯

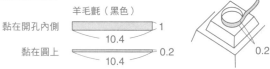

裁切　黏合厚紙板　厚紙板　3.5 / 3.5
100mℓ　2
裁掉底部變成中空後摺成方形
厚紙板黏上羊毛氈（綠色）
直徑3.3的開孔

③將②放在①上黏合

羊毛氈（黑色）
黏在開孔內側　10.4　1
黏在圓上　10.4　0.2　0.2

④製作標籤，貼在本體
用起子開孔，插入開關按鈕（請參照P14）
0.5　厚紙板
1.5　鋁箔膠帶
HOME
4　紅色乙烯基膠帶貼上英文貼紙
※用自動鉛筆在四個角各畫一個點

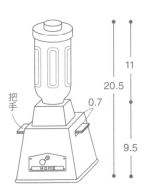

把手　11 / 20.5 / 0.7 / 9.5

⑤黏上把手
羊毛氈（1×2.7）
厚紙板（0.9×2.5）　夾住厚紙板
羊毛氈（1.5×2.7）
0.7　黏合

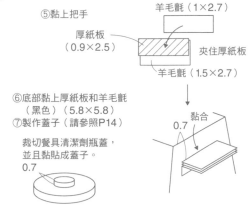

⑥底部黏上厚紙板和羊毛氈（黑色）（5.8×5.8）
⑦製作蓋子（請參照P14）
裁切餐具清潔劑瓶蓋，並且黏貼成蓋子。
0.7

〈實物大紙型和標籤〉

開孔位置
HOME

攪拌機C 〔P006〕

材料 200mℓ寶特瓶1瓶（底部直徑5.4×13.8cm）、餐具清潔劑瓶蓋（透明）1個、325mℓ、205mℓ紙杯各1個、羊毛氈（綠色、黑色、奶油色）、0.58mm厚的厚紙板、直徑2mm金屬線（鋁）15cm、鋁箔紙、直徑1.2cm吸管1根、全息貼紙、竹籤1根、橡皮筋、裝飾貼紙

透明蓋子
羊毛氈　10 / 19 / 7 / 2
把手　1
SUGAR

〈作法〉

①裁切325mℓ紙杯

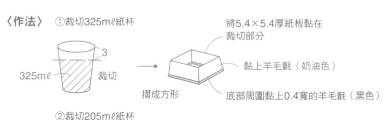

325mℓ　3　裁切
摺成方形
將5.4×5.4厚紙板黏在裁切部分
黏上羊毛氈（奶油色）
底部周圍黏上0.4寬的羊毛氈（黑色）

②裁切205mℓ紙杯

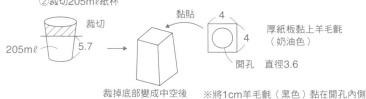

205mℓ　5.7　裁切
裁掉底部變成中空後摺成方形
黏貼　4 / 4
厚紙板黏上羊毛氈（奶油色）
開孔　直徑3.6
※將1cm羊毛氈（黑色）黏在開孔內側
將直徑2mm金屬線黏在圓的周圍

③將②放在①上黏合，接縫處黏上0.2cm寬的羊毛氈（黑色）
④底部黏上厚紙板和羊毛氈（各為5.8×5.8）

作法接續在P65→

攪拌機A〔P006〕

材料：餐具清潔劑瓶蓋（透明）1個、100mℓ、80mℓ紙杯各1個、羊毛氈（綠色、黑色）、0.58mm厚的厚紙板、鋁箔膠帶、乙烯基膠帶（紅色）、直徑0.5cm珠子（銀色）2顆、直徑0.5cm金屬環2個、竹籤1根、英文字貼紙

13.5　0.3　6　把手

〈作法〉※請參照P62攪拌機F和P64攪拌機B

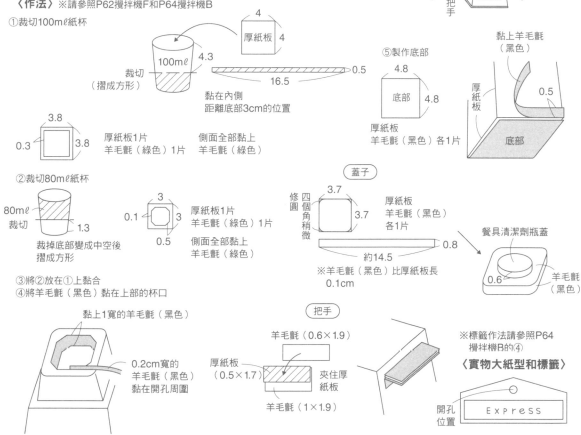

①裁切100mℓ紙杯

100mℓ　裁切（摺成方形）　4.3

厚紙板　4　4

16.5　0.5

黏在內側
距離底部3cm的位置

3.8　3.8　0.3
厚紙板1片
羊毛氈（綠色）1片
側面全部黏上
羊毛氈（綠色）

②裁切80mℓ紙杯

80mℓ　裁切　1.3
裁掉底部變成中空後
摺成方形

3　3　0.1　0.5
厚紙板1片
羊毛氈（綠色）1片
側面全部黏上
羊毛氈（綠色）

③將②放在①上黏合
④將羊毛氈（黑色）黏在上部的杯口

⑤製作底部

4.8　4.8　底部
厚紙板
羊毛氈（黑色）各1片

黏上羊毛氈（黑色）
厚紙板　0.5
底部

蓋子

3.7　3.7
修圓四個角稍微
厚紙板
羊毛氈（黑色）
各1片

約14.5　0.8
※羊毛氈（黑色）比厚紙板長
0.1cm

餐具清潔劑瓶蓋
0.6
羊毛氈（黑色）

黏上1寬的羊毛氈（黑色）
0.2cm寬的羊毛氈（黑色）黏在開孔周圍

把手
羊毛氈（0.6×1.9）
厚紙板（0.5×1.7）
夾住厚紙板
羊毛氈（1×1.9）

※標籤作法請參照P64攪拌機B的④

〈實物大紙型和標籤〉
開孔位置
ExprEss

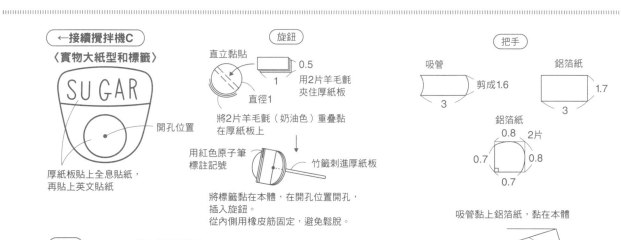

←接續攪拌機C

〈實物大紙型和標籤〉
SU GAR
開孔位置
厚紙板貼上全息貼紙，再貼上英文貼紙

旋鈕
直立黏貼　0.5　1　用2片羊毛氈夾住厚紙板
直徑1
將2片羊毛氈（奶油色）重疊黏在厚紙板上
用紅色原子筆標註記號
竹籤刺進厚紙板
將標籤黏在本體，在開孔位置開孔，插入旋鈕。
從內側用橡皮筋固定，避免鬆脫。

把手
吸管　剪成1.6　3
鋁箔紙　1.7　3
鋁箔紙
0.8　2片　0.8
0.7　0.7
吸管黏上鋁箔紙，黏在本體

蓋子
※蓋子的作法請參照P14
黏上餐具清潔劑瓶蓋　0.7

1　把手
前面　側邊

調味盒 〔P026〕

材料 羊毛氈（綠色、白色）
　　　1mm厚的厚紙板

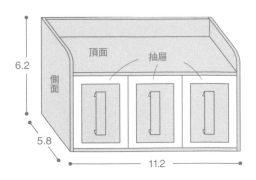

頂面　　抽屜

側面

6.2

5.8

11.2

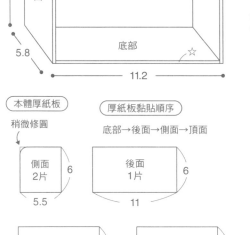

後面　　　☆　　1

頂面　　　☆

側面

6.2

底部

5.8

☆

11.2

〈本體的作法〉

①用瞬間膠將厚紙板的本體底部、後面黏合組裝
②依照底部、後面、側面的順序，將羊毛氈（綠色）黏在每片厚紙板的內側和外側
③頂面厚紙板的內側和外側都黏上羊毛氈（綠色），黏在②
④用羊毛氈（綠色）製作出0.4cm寬的收邊條，黏在☆的部分（為了隱藏厚紙板的厚度）

本體厚紙板

稍微修圓

側面
2片
6
5.5

厚紙板黏貼順序

底部→後面→側面→頂面

後面
1片
6
11

底部
1片
5.5
10.8

頂面
1片
5.4
10.6

黏上羊毛氈後最後才黏合

本體的羊毛氈

底部內側
1片
5.5
10.8

後面內側
1片
5.8
10.8

底部外側
1片
5.6
11

後面外側
1片
6.1
11

側面
內側
2片
5.8
5.4

頂面內外側
各1片
5.4
10.6

側面
外側
2片
6.1
5.7

※側面的羊毛氈黏在厚紙板後再修剪成圓角
※羊毛氈準備大一些，黏在厚紙板再修剪

〈抽屜的作法〉

（1個的材料）

抽屜的厚紙板

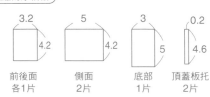

3.2
4.2
前後面
各1片

5
4.2
側面
2片

3
5
底部
1片

0.2
4.6
頂蓋板托
2片

抽屜的羊毛氈

0.5　白色1片
0.5
3.4
2.4　綠色1片
前面
1片

※羊毛氈依照底部、後面、側面、前面的順序黏貼
※底部、後面、側面的羊毛氈準備得稍微大一些，黏在厚紙板再修剪

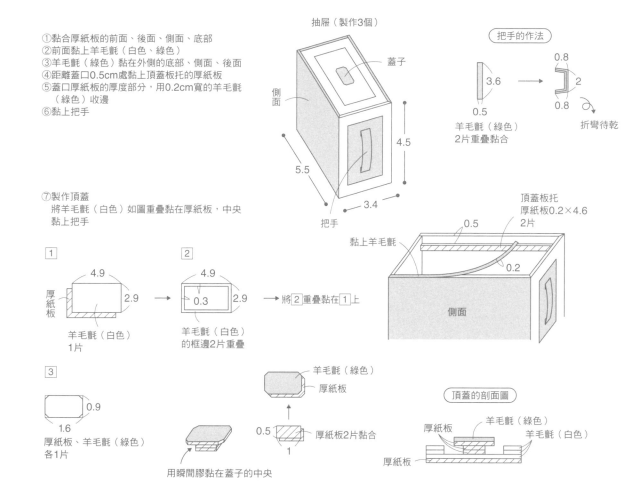

①黏合厚紙板的前面、後面、側面、底部
②前面黏上羊毛氈（白色、綠色）
③羊毛氈（綠色）黏在外側的底部、側面、後面
④距離蓋口0.5cm處黏上頂蓋板托的厚紙板
⑤蓋口厚紙板的厚度部分，用0.2cm寬的羊毛氈
（綠色）收邊
⑥黏上把手

抽屜（製作3個）

蓋子

側面

4.5

5.5

3.4

把手

把手的作法

0.8
3.6
0.5
0.8
2
折彎待乾

羊毛氈（綠色）
2片重疊黏合

⑦製作頂蓋
將羊毛氈（白色）如圖重疊黏在厚紙板，中央
黏上把手

頂蓋板托
厚紙板0.2×4.6
2片

黏上羊毛氈

0.5

0.2

側面

1
厚紙板
4.9
2.9
羊毛氈（白色）
1片

2
4.9
0.3
2.9
羊毛氈（白色）
的框邊2片重疊

將 2 重疊黏在 1 上

3
0.9
1.6
厚紙板、羊毛氈（綠色）
各1片

用瞬間膠黏在蓋子的中央

0.5
1
厚紙板2片黏合

羊毛氈（綠色）
厚紙板

頂蓋的剖面圖

厚紙板
羊毛氈（綠色）
羊毛氈（白色）
厚紙板

鍋子鑰匙圈（書衣刊登作品）

製作成迷你尺寸，穿上鑰匙圈就變身成可愛的吊
飾！請參考標示材料和P028～的步驟解說製作。

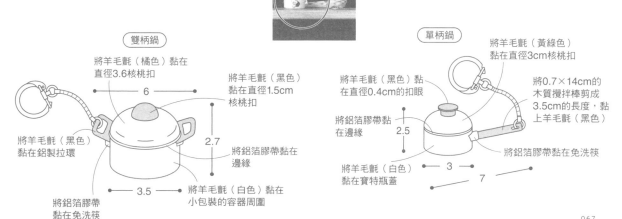

雙柄鍋

將羊毛氈（橘色）黏在
直徑3.6核桃扣

6

將羊毛氈（黑色）
黏在直徑1.5cm
核桃扣

將羊毛氈（黑色）
黏在鋁製拉環

2.7

將鋁箔膠帶黏在
邊緣

3.5

將鋁箔膠帶
黏在免洗筷

將羊毛氈（白色）黏在
小包裝的容器周圍

單柄鍋

將羊毛氈（黃綠色）
黏在直徑3cm核桃扣

將羊毛氈（黑色）黏
在直徑0.4cm的扣眼

將0.7×14cm的
木質攪拌棒剪成
3.5cm的長度，黏
上羊毛氈（黑色）

將鋁箔膠帶黏
在邊緣

2.5

將羊毛氈（白色）
黏在寶特瓶蓋

3

將鋁箔膠帶黏在免洗筷

7

掀蓋碗盤籃〔P026〕

材料 1.5ℓ寶特瓶1瓶（側邊為圓弧形）
羊毛氈（橘色、原色）
1mm厚的厚紙板
1mm厚的塑膠板
直徑0.4cm扣眼2個
直徑0.5cm吸管1根
裝飾貼紙

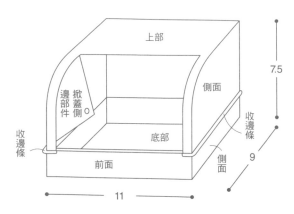

上部
側面
7.5
收邊條
掀蓋側
邊部件
收邊條
底部
前面
側面
9
11

〈本體的作法〉
※羊毛氈裁剪得比厚紙板大一些，
黏在厚紙板後再修剪。

①用瞬間膠將厚紙板立體黏合組裝成底部的箱子

本體底部厚紙板

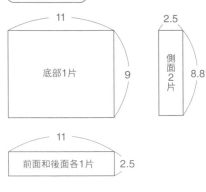

11
底部1片
9

2.5
側面2片
8.8

11
前面和後面各1片
2.5

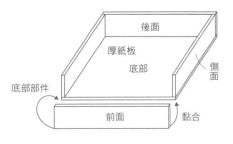

後面
厚紙板
底部
側面
底部部件
前面
黏合

②將羊毛氈（橘色）黏在①的外側和內側
外側依照底部→側面→前面和後面的順序黏貼
（內側無順序）

③用瞬間膠將厚紙板的本體上部、側面、後面黏貼組合

④將羊毛氈（原色）黏在③的外側，
依照後面→側面→上部的順序黏貼

註※內側的羊毛氈依照後面、上部、
側面的順序黏貼。
（內側側面先黏上掀蓋）
（作法請參照右頁）

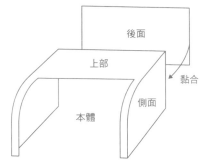

後面
上部
黏合
側面
本體

本體厚紙板

11
後面1片
5

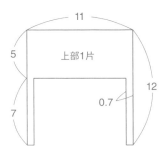

11
5
上部1片
12
7
0.7

側面2片

※側面請參照P69
的實物大紙型

〈掀蓋的作法〉

①將羊毛氈（原色）黏在掀蓋側邊的厚紙板兩面（製作2組）
②右圖的扣眼先穿過兩側的開孔
③用瞬間膠黏合A和B
④扣眼的吸管前端穿過1片側面內側的羊毛氈連結

扣眼的作法
刺進吸管
瞬間膠
扣眼

利用1.5ℓ圓形寶特瓶

掀蓋側邊
A
B
10.2
A
用瞬間膠黏合

吸管

羊毛氈
側面內側
吸管
刺進
扣眼

羊毛氈（反面）
吸管的前端剪出牙口打開

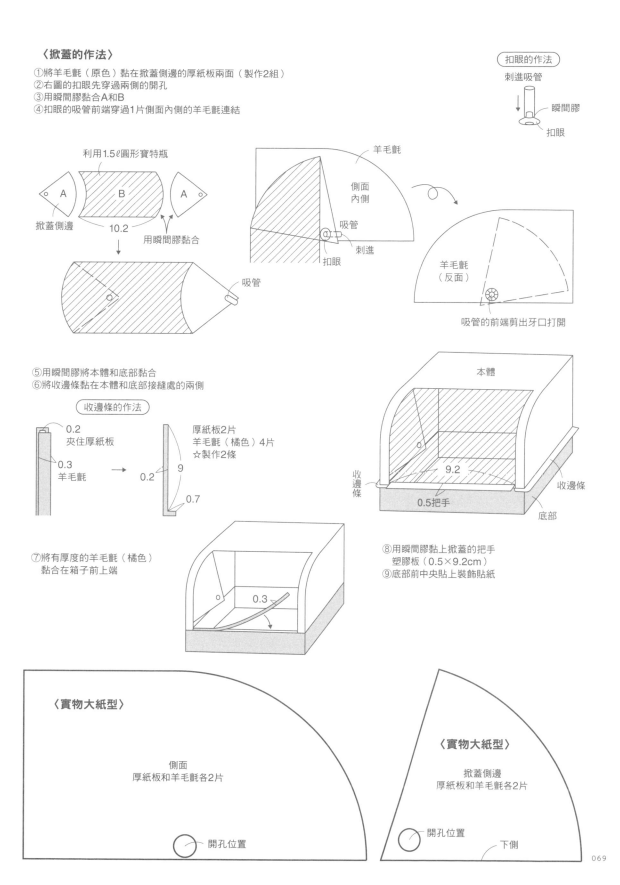

⑤用瞬間膠將本體和底部黏合
⑥將收邊條黏在本體和底部接縫處的兩側

收邊條的作法
0.2 夾住厚紙板
0.3 羊毛氈
0.2
9
0.7

厚紙板2片
羊毛氈（橘色）4片
☆製作2條

本體
收邊條
9.2
0.5把手
收邊條
底部

⑦將有厚度的羊毛氈（橘色）黏合在箱子前上端
0.3

⑧用瞬間膠黏上掀蓋的把手塑膠板（0.5×9.2cm）
⑨底部前中央貼上裝飾貼紙

〈實物大紙型〉
側面
厚紙板和羊毛氈各2片
開孔位置

〈實物大紙型〉
掀蓋側邊
厚紙板和羊毛氈各2片
開孔位置
下側

網篩〔P026〕

材料　角落濾網袋（藍色）
　　　羊毛氈（藍色）
　　　直徑1mm金屬線（鋼）
　　　壓克力顏料（藍色）

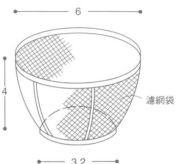

6

4

3.2

濾網袋

〈本體的作法〉

①用3條金屬線結成網篩的形狀
②網篩口和底部加上金屬圈
③底部從內側黏上濾網袋
④網篩周圍也從外側黏上濾網袋
⑤網篩口邊緣和底部邊緣的金屬線黏上羊毛氈黏

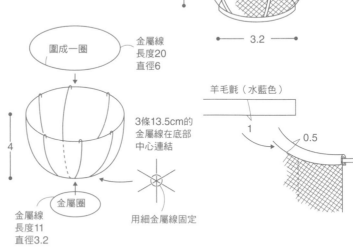

圍成一圈

金屬線
長度20
直徑6

4

3條13.5cm的
金屬線在底部
中心連結

羊毛氈（水藍色）

1

0.5

金屬線
長度11
直徑3.2

金屬圈

用細金屬線固定

衣架鑰匙圈（書衣折口刊登作品）

材料　（鑰匙圈）
　　　直徑0.4cm吸管雙色各4根
　　　直徑0.4cm吸管（白色）1根
　　　直徑0.55mm金屬線（鋼）
　　　直徑0.9mm金屬線（鋼）
　　　串珠（2色）各1顆
　　　鑰匙圈金屬配件1個

　　　（大的1個）
　　　直徑0.5cm吸管4根
　　　直徑0.6cm吸管1根
　　　直徑1.5mm金屬線（鋁）
　　　直徑1.2mm金屬線（鋼）
　　　串珠1顆

①金屬線彎成本體的形狀
②將①穿過吸管，末端稍微重疊
③用起子在上部中央開孔
④金屬線穿過串珠，再穿過③

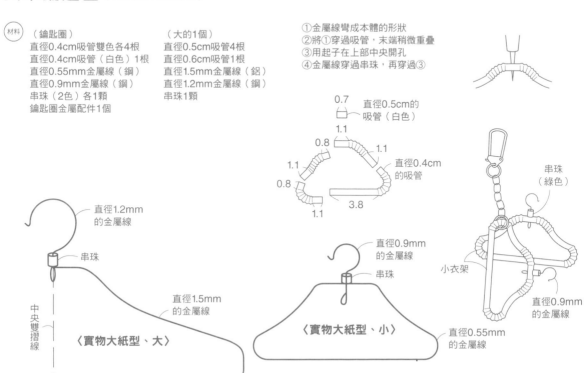

0.7　直徑0.5cm的
　　　吸管（白色）
1.1
0.8　　　1.1
1.1　　　　直徑0.4cm
　　　　　的吸管
0.8
　　3.8
1.1

直徑1.2mm
的金屬線

串珠

直徑1.5mm
的金屬線

中央雙摺線

〈實物大紙型、大〉

直徑0.9mm
的金屬線

串珠

〈實物大紙型、小〉

直徑0.55mm
的金屬線

串珠
（綠色）

小衣架

直徑0.9mm
的金屬線

琺瑯碗〔P026〕

材料 冰淇淋盒（迷你裝雪見大福、底部直徑4.5×深2.5cm）
羊毛氈（白色、紅色）
壓克力顏料（焦茶色）

〈本體的作法〉
①從冰淇淋盒一一裁切下來
②將羊毛氈（白色）依照底部、側面的順序黏在①的外側
③將0.2cm寬的羊毛氈（紅色）黏在碗口周圍

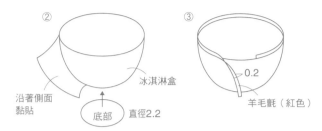

② 冰淇淋盒
沿著側面黏貼
底部　直徑2.2

③ 0.2
羊毛氈（紅色）

廚房用具〔P026〕

材料 （共通）
羊毛氈（白色）
鋁箔紙板
美甲貼紙

直徑2.5cm核桃扣（湯杓）
直徑0.55mm金屬線（濾杓、打蛋器）
直徑0.35mm金屬線（打蛋器）
金屬網（濾杓）

〈作法〉
①黏合2片鋁箔紙板
②用羊毛氈（白色）夾住①
③用扁平的核桃扣夾住鋁箔紙板前端
④貼上花朵貼紙

鍋鏟
8.5

〈實物大紙型〉

湯勺

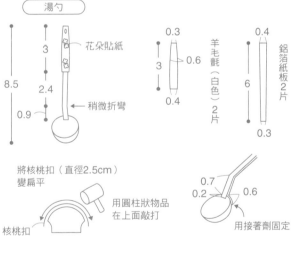

花朵貼紙
3
2.4
0.9
8.5
稍微折彎

0.3
0.6
3
0.4
羊毛氈（白色）2片

0.4
6
0.3
鋁箔紙板2片

將核桃扣（直徑2.5cm）變扁平
用圓柱狀物品在上面敲打
核桃扣

0.7
0.2
0.6
用接著劑固定

濾杓

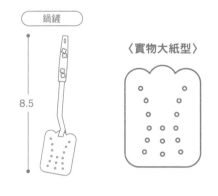

打蛋器

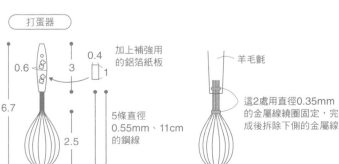

0.6
3
6.7
2.5

0.4
1
加上補強用的鋁箔紙板

5條直徑0.55mm、11cm的鋼線

羊毛氈
這2處用直徑0.35mm的金屬線繞圈固定，完成後拆除下側的金屬線

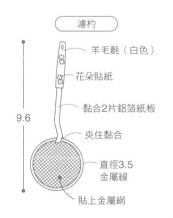

羊毛氈（白色）
花朵貼紙
黏合2片鋁箔紙板
夾住黏合
9.6
直徑3.5金屬線
貼上金屬網

玻璃木盒〔P034〕

(材料) 羊毛氈（茶色、灰色）
1mm厚的厚紙板
0.4mm厚的塑膠板
壓克力顏料（茶色、灰色）
油性筆（茶色）

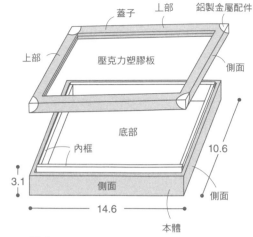

蓋子　上部　鉛製金屬配件
上部　壓克力塑膠板　側面
底部
內框
側面
3.1
10.6
14.6
側面
本體

〈本體的作法〉

①底部、側面各部件分別由2片厚紙板黏合
②用瞬間膠將①黏合組裝

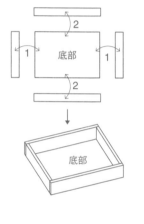

2
1　底部　1
2
底部

本體厚紙板

14
底部2片
10

14.4
側面4片　1.7

10
側面4片　1.7

※厚紙板2片黏合後組裝

本體羊毛氈（茶色）

14.4
底部1片
10.4

14.6
側面2片　1.8

10.4
側面2片　1.8

收邊條各2條
14.6　0.4

10　0.4

③將羊毛氈（茶色）黏在外側的底部、側面
④將收邊條黏在厚紙板的厚度部分

⑤將羊毛氈（灰色）黏在④的內部底部
⑥用瞬間膠將厚紙板的本體內框黏合組裝
⑦將羊毛氈（灰色）黏在⑥
⑧將收邊條黏在厚紙板的厚度部分
⑨將⑧放入本體內側用瞬間膠黏合

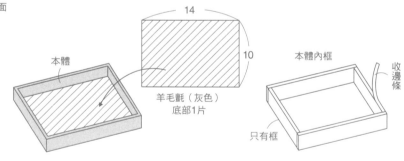

本體

14
10
羊毛氈（灰色）
底部1片

本體內框
收邊條
只有框

本體內框厚紙板

※厚紙板2片黏合

13.7
側面4片　2

9.3
側面4片　2

本體內框羊毛氈（灰色）

13.9
外部側面2片　2

9.8
外部側面2片　2

13
內部側面2片　2

9.3
內部側面2片　2

收邊條各2條
14　0.5

10　0.5

〈蓋子的作法〉

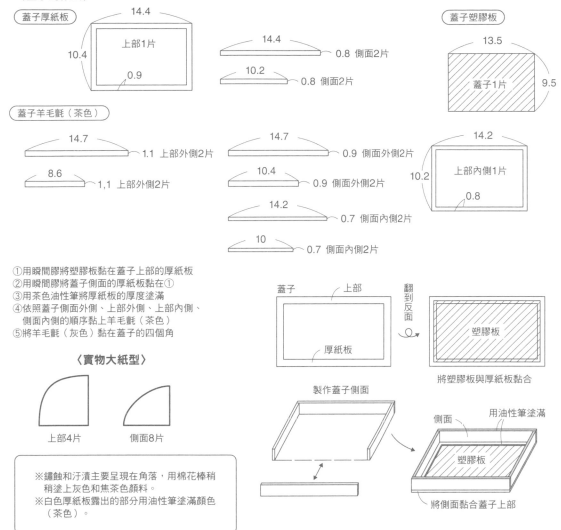

蓋子厚紙板

14.4 ─ 上部1片 ─ 10.4 ─ 0.9

14.4 ─ 0.8 側面2片
10.2 ─ 0.8 側面2片

蓋子塑膠板

13.5 ─ 蓋子1片 ─ 9.5

蓋子羊毛氈（茶色）

14.7 ─ 1.1 上部外側2片
8.6 ─ 1,1 上部外側2片

14.7 ─ 0.9 側面外側2片
10.4 ─ 0.9 側面外側2片
14.2 ─ 0.7 側面內側2片
10 ─ 0.7 側面內側2片

14.2 ─ 上部內側1片 ─ 10.2 ─ 0.8

①用瞬間膠將塑膠板黏在蓋子上部的厚紙板
②用瞬間膠將蓋子側面的厚紙板黏在①
③用茶色油性筆將厚紙板的厚度塗滿
④依照蓋子側面外側、上部外側、上部內側、
　側面內側的順序黏上羊毛氈（茶色）
⑤將羊毛氈（灰色）黏在蓋子的四個角

蓋子　上部
厚紙板
翻到反面
塑膠板
將塑膠板與厚紙板黏合

製作蓋子側面
側面　用油性筆塗滿
塑膠板
將側面黏合蓋子上部

〈實物大紙型〉

上部4片　側面8片

※鏽蝕和汙漬主要呈現在角落，用棉花棒稍
　稍塗上灰色和焦茶色顏料。
※白色厚紙板露出的部分用油性筆塗滿顏色
　（茶色）。

〈實物大紙型〉

古典針線盒A

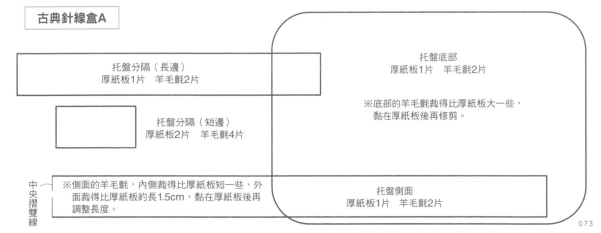

托盤分隔（長邊）
厚紙板1片　羊毛氈2片

托盤底部
厚紙板1片　羊毛氈2片

※底部的羊毛氈裁得比厚紙板大一些，
　黏在厚紙板後再修剪。

托盤分隔（短邊）
厚紙板2片　羊毛氈4片

中央摺雙線

※側面的羊毛氈，內側裁得比厚紙板短一些，外
　面裁得比厚紙板約長1.5cm，黏在厚紙板後再
　調整長度。

托盤側面
厚紙板1片　羊毛氈2片

〈實物大紙型〉 電子鍋 ※羊毛氈裁得大一些，黏在組合好的厚紙板後再修剪成形。

按鍵
鏡面紙
（各1片）

把手
厚紙板和羊毛氈各2片

摺線

厚紙板和羊毛氈各1片
摺線
摺線
摺線

插座
鋼板

摺線
厚紙板和羊毛氈各1片
摺線

A
厚紙板和羊毛氈各1片

A厚紙板和羊毛氈各1片
摺線　摺線

B
厚紙板和羊毛氈各1片

B厚紙板和羊毛氈各1片
摺線
摺線　開孔位置

側面
厚紙板和羊毛氈各2片
開關

前面　厚紙板和羊毛氈各1片

黏合上面
羊毛氈
（黑色）
鋁箔紙
膠帶
（紅色）
膠帶
（黑色）

〈實物大紙型〉 單柄鍋

把手

本體
羊毛氈1片

本體
鏡面紙1片
開孔位置

外側支撐
厚紙板1片

內側支撐
厚紙板1片

摺線

〈實物大紙型〉 雙柄鍋

把手

支撐用底座
鏡面紙1片

牙口
摺線
牙口

摺線

把手
厚紙板1片

開孔位置

把手
羊毛氈2片

開孔位置

074

蓋子連接部件
鏡面紙1片

摺線

開蓋按鍵
鏡面紙1片

摺線

蓋子
鏡面紙和羊毛氈各1片

蓋子連接位置

壺嘴
鏡面紙1片

壺口接縫處
鏡面紙1片

壺口側面上部
鏡面紙1片

※黏在內側的羊毛氈先準備一旁，等壺嘴製作完成後
再配合製作好的壺嘴貼上修剪形狀。

中央摺雙線

重疊黏在上面

中央摺雙線

側面下部
鏡面紙1片

壺口側面下部
鏡面紙1片

把手
外面
厚紙板和羊毛氈各1片

※外面的羊毛氈裁成1片，用1片連接
3個部件。

摺線

外面
羊毛氈（白色）1片

側面
厚紙板和羊毛氈
各2片

內面
厚紙板和羊毛氈
各1片

標籤1張

補強用厚紙
板1片

※杯口的鋁箔紙裁得比厚紙
板大圈一些。

ON

OFF

杯口
厚紙板1片

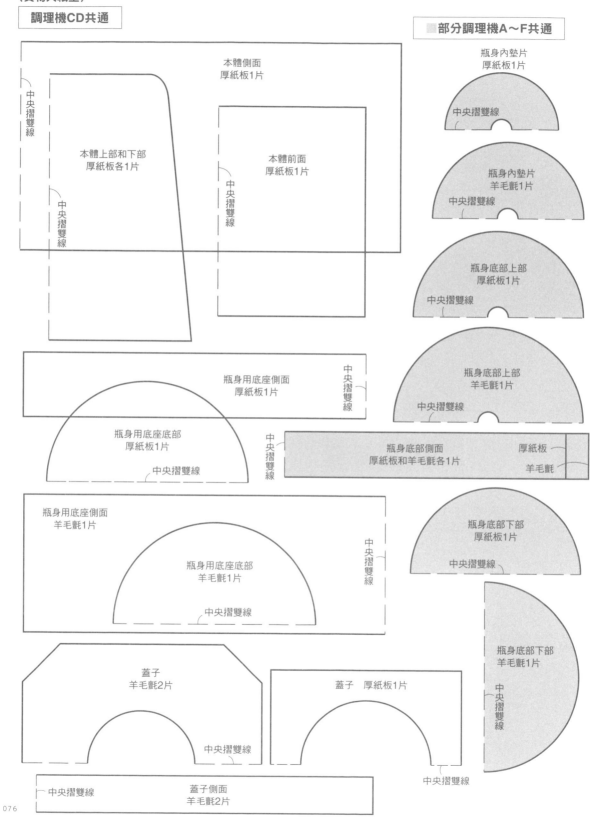

〈實物大紙型〉

調理機CD共通

本體側面
厚紙板1片

本體上部和下部
厚紙板各1片

本體前面
厚紙板1片

中央摺雙線

中央摺雙線

中央摺雙線

瓶身用底座側面
厚紙板1片

中央摺雙線

瓶身用底座底部
厚紙板1片

中央摺雙線

瓶身用底座側面
羊毛氈1片

瓶身用底座底部
羊毛氈1片

中央摺雙線

中央摺雙線

蓋子
羊毛氈2片

蓋子　厚紙板1片

中央摺雙線

中央摺雙線

中央摺雙線

蓋子側面
羊毛氈2片

■部分調理機A～F共通

瓶身內墊片
厚紙板1片

中央摺雙線

瓶身內墊片
羊毛氈1片

中央摺雙線

瓶身底部上部
厚紙板1片

中央摺雙線

瓶身底部上部
羊毛氈1片

中央摺雙線

瓶身底部側面
厚紙板和羊毛氈各1片

厚紙板

羊毛氈

中央摺雙線

瓶身底部下部
厚紙板1片

中央摺雙線

瓶身底部下部
羊毛氈1片

中央摺雙線

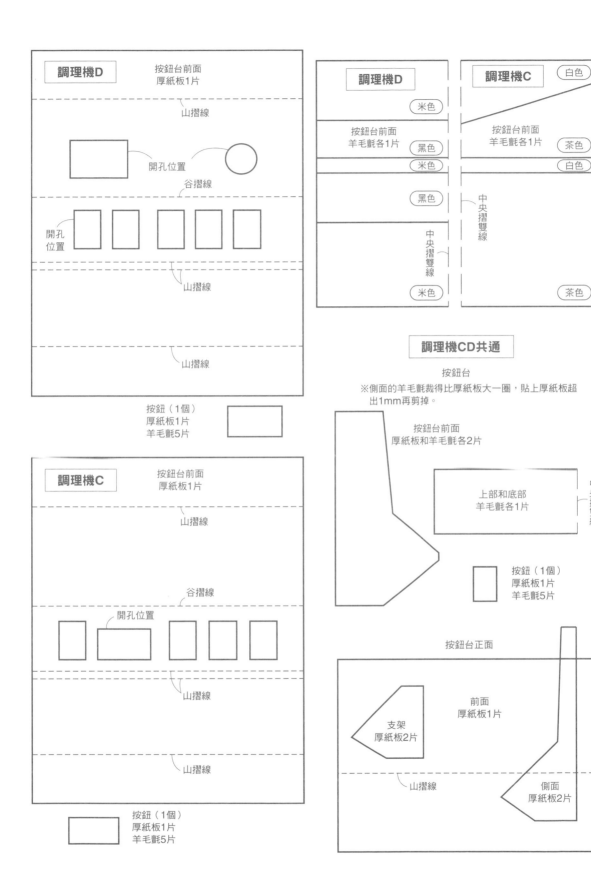

調理機D　按鈕台前面　厚紙板1片
山摺線
開孔位置
谷摺線
開孔位置
山摺線
山摺線
按鈕（1個）厚紙板1片　羊毛氈5片

調理機D　米色
按鈕台前面　羊毛氈各1片　黑色
米色
黑色
中央摺雙線
米色

調理機C　白色
按鈕台前面　羊毛氈各1片　茶色
白色
中央摺雙線
茶色

調理機CD共通

按鈕台
※側面的羊毛氈裁得比厚紙板大一圈，貼上厚紙板超出1mm再剪掉。

按鈕台前面　厚紙板和羊毛氈各2片
上部和底部　羊毛氈各1片　中央摺雙線
按鈕（1個）厚紙板1片　羊毛氈5片

調理機C　按鈕台前面　厚紙板1片
山摺線
谷摺線
開孔位置
山摺線
山摺線
按鈕（1個）厚紙板1片　羊毛氈5片

按鈕台正面
前面　厚紙板1片
支架　厚紙板2片
山摺線
側面　厚紙板2片

〈實物大圖樣〉

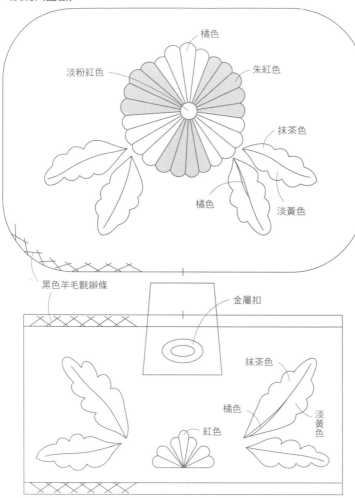

橘色
淡粉紅色
朱紅色
抹茶色
橘色
淡黃色

黑色羊毛氈辮條

金屬扣

抹茶色
橘色
淡黃色
紅色

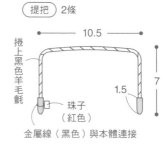

提把　2條

捲上黑色羊毛氈
10.5
1.5
7
珠子
（紅色）
金屬線（黑色）與本體連接

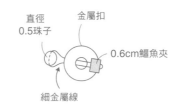

直徑
0.5珠子
金屬扣
0.6cm鱷魚夾
細金屬線

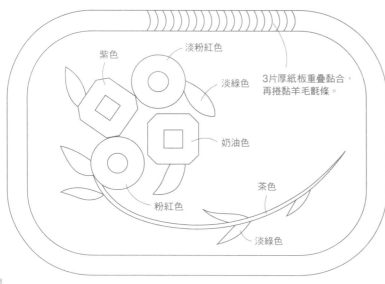

紫色
淡粉紅色
淡綠色
奶油色
茶色
粉紅色
淡綠色

3片厚紙板重疊黏合，
再捲黏羊毛氈條。

裁縫箱B

本體為優格盒（底長4.4×寬6.2×
高9.2cm）裁成高4.5cm來使用

提把　1條

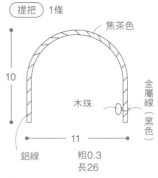

焦茶色
10
木珠
金屬線（黑色）
11
鋁線　粗0.3
長26

直徑0.3cm的金屬線捲上
0.2cm寬的羊毛氈

078

〈實物大圖樣〉

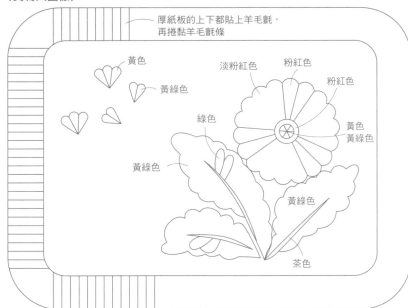

厚紙板的上下都貼上羊毛氈，
再捲黏羊毛氈條

黃色
黃綠色
淡粉紅色
粉紅色
粉紅色
綠色
黃色
黃綠色
黃綠色
黃綠色
茶色

裁縫箱C

本體為味噌盒（底長6.6×寬
9.4×高7cm）裁成高5cm來
使用

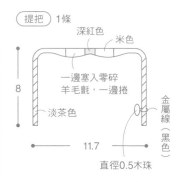

提把　1條

深紅色
米色
一邊塞入零碎
羊毛氈，一邊
捲
金屬線（黑色）
淡茶色

11.7
直徑0.5木珠

8

直徑0.3cm的金屬線捲上
0.2cm寬的羊毛氈

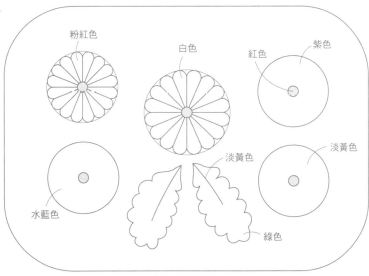

粉紅色
白色
紅色
紫色
淡黃色
淡黃色
水藍色
綠色

裁縫箱D

本體和 A 一樣，將優格盒裁成高
4.5cm來使用

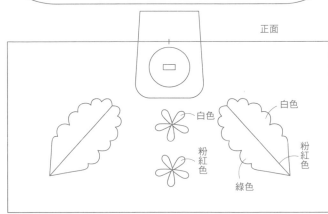

正面
白色
白色
粉紅色
粉紅色
綠色

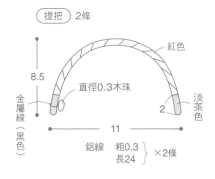

提把　2條

紅色
8.5
直徑0.3木珠
金屬線（黑色）
2
淡茶色
11

鋁線　粗0.3
　　　長24　}×2條

直徑0.3cm的金屬線捲上
0.2cm寬的羊毛氈

宮市稔子　Toshiko Miyaichi

因為幫小孩製作扮家家酒玩具的羊毛氈甜點，開啟了羊毛氈創作之路。
其後舉辦羊毛氈麵包講座和羊毛氈餅乾教室，發表許多麵包和甜點的羊毛氈作品。
著作有『用壓模做羊毛氈麵包屋』（日本VOGUE社）
Instagram　@miyaichi_toshiko
HP　http://chervilfelt.web.fc2.com/

Staff

書本設計──入江梓（inlet design）
攝影──花田梢（書衣、封面、P4-5、16、18、20）
步驟拍攝──岡利惠子（本社照片編輯室）
造型──石川美和（書衣、封面、P4-5、16、18、20）
作法解說──上平香壽子
描圖──坂川由美香
校閱──滄流社
編輯負責人──北川惠子

《攝影協助》
AWABEES
UTUWA

寶特瓶和空容器的創作

懷舊家電&迷你雜貨

作　　者　宮市稔子
翻　　譯　黃姿頤
發 行 人　陳偉祥
出　　版　北星圖書事業股份有限公司
地　　址　234 新北市永和區中正路 462 號 B1
電　　話　886-2-29229000
傳　　真　886-2-29229041
網　　址　www.nsbooks.com.tw
E-MAIL　nsbook@nsbooks.com.tw
劃撥帳戶　北星文化事業有限公司
劃撥帳號　50042987
製版印刷　皇甫彩藝印刷股份有限公司
出 版 日　2021 年 3 月
I S B N　978-957-9559-69-0
定　　價　300 元

如有缺頁或裝訂錯誤，請寄回更換。

國家圖書館出版品預行編目（CIP）資料

懷舊家電&迷你雜貨：寶特瓶和空容器
的創作 / 宮市稔子作；黃姿頤翻譯.
-- 新北市：北星圖書, 2021.03
　面；　公分

ISBN 978-957-9559-69-0（平裝）

1.玩具　2.模型

479.8　　　　　　　　　109019843

臉書粉絲專頁　　LINE 官方帳號